黑 明◎著

羊城晚报出版社
·广 州·

图书在版编目（CIP）数据

早餐爸爸 / 黑明著. —广州：羊城晚报出版社，2019.2

ISBN 978-7-5543-0682-6

Ⅰ.①早… Ⅱ.①黑… Ⅲ.①食谱 Ⅳ.①TS972.12

中国版本图书馆CIP数据核字（2019）第026795号

早餐爸爸

Zaocan Baba

责任编辑 黄初镇
装帧设计 友间文化
责任技编 张广生
责任校对 陈英杰 罗妙玲
出版发行 羊城晚报出版社（广州市天河区黄埔大道中309号羊城创意产业园3-13B 邮编：510665）
发行部电话：（020）87133824
出 版 人 吴 江
经　　销 广东新华发行集团股份有限公司
印　　刷 广州市岭美彩印有限公司
规　　格 787毫米×1092毫米 1/16 印张9.75 字数180千
版　　次 2019年2月第1版 2019年2月第1次印刷
书　　号 ISBN 978-7-5543-0682-6
定　　价 49.80元

为张淙明新书作序

蔡 澜

我的书里，一向无序，但遇到值得向读者推荐的新书，还是愿意动笔的。

几年前到厦门出差，友人邀请我到当地最有名气的餐厅“融绘状元楼”吃饭。我小时候在南洋长大，邻居是福建人，时常邀请我到他们家做客，从小吃惯，所以对闽南菜特别有感情。之后数十年，凡遇到好的闽南菜馆，一定会去试试，但失望的居多。最后告诉自己，总得去厦门吃最正宗的。

那次到厦门的状元楼，第一道菜就是我最喜欢的包薄饼了。

立即请大厨出来，与他聊聊。一看，原来是个三十出头的年轻人，衣着干干净净，不带一点油迹，印象极佳，此君便是张淙明。细聊之下，知道他是从小受了严格闽菜基本功训练，基础打得稳固，是难得的年轻大厨。当晚便关注了他的微博，以便日后联系。

好友洪亮，爱儿心切，每天早上都为儿子做不同款式的早餐，发到微博上，我曾写过一篇《父亲的早餐》记载。原来张淙明也是一位慈父，每天为女儿做饭，同样发到微博上。

一般人的早餐，都是将前一天的剩菜加工而成，来来去去，就那么几款，变不出什么花样。但张淙明与洪亮都是每天一大早到菜市场，亲自挑选最新鲜的食材，回去做给儿女吃的。这种心思，如非热爱家庭、热爱美食，绝对坚持不下来。

一家餐馆，是困不住他这条蛟龙的。如今他自己出来打天下，开了一家“黑明餐厅”，当然为他高兴。他就有更多的时间，为女儿做丰盛的早餐，又能在做早餐的过程中，创制出更多精彩的美食，在他的新天地与大家分享，实在是我们这些闽菜爱好者的福音。

如今他准备出书，记录种种传统闽菜的做法，与大家分享，让这些菜谱，能一代一代地流传下去，是件好事；当然乐得为他作序。我经常说，保护濒临绝种动物固然重要，但保护濒临绝种食物，更加重要。张淙明写的这本书，可以将美好的闽菜记录下来，让有心人学习，是一件功德无量的事。相信他女儿长大后，也会为父亲的这本书骄傲。那时候，就应该轮到女儿给父亲做早餐了。愿他们一家，能将这个美好的习惯，一代一代地传下去，也希望更多家庭，能学习到这种温暖的美德。

我的热爱与坚持

我是一名职业厨师，算来今年是我从事厨师职业的第24年。我热爱烹饪，享受挑选不同食材来创作菜色的过程，也特别喜欢听取别人对食物的反馈，这在同时也增加了我对食物探索与发现的各种可能，贯穿着我对这份热爱的坚持。

做早餐的初衷

说起网友或粉丝们称呼我为“早餐爸爸”，其实挺出乎我的意料，这个称呼的知名度红过我24年的厨师经历和头衔，不过也不奇怪，因为挺多职业厨师在工作之余会比较少在家里给家人做饭。但我的初衷很简单，因为我的个人时间里，午餐、晚餐都在为别人服务，只有早餐的时间是和家人一起，所以倍感珍惜。很多朋友会觉得我这么做了十几年早餐很辛苦，哈哈，那是你们没有看到餐桌上孩子们给我快乐的回馈，每天早上忙碌半小时而已，可是，在她们成长的过程里，每一天都有我们在一起的千金不换的早餐时光。

女儿2岁，3岁，4岁……岁月的脚步每天都在走，每一天每一岁都只有一次，我们互相陪伴时光一旦过去都是不能重来的，哪能不珍惜呢。“你两个女儿上辈子一定拯救过地球，哦不，拯救过银河系，才能有这么个好爸爸，十几年天天做早餐还不重复……”这个说法也不止一两个人说了，可我觉得不尽然，我才是最大的受益者，我非常非常的乐在其中！

早餐爸爸的开启

大女儿今年13岁，从2岁开始上幼儿园那天，就是我作为早餐爸爸的开始，到现在不知不觉已做了11年。刚开始并没有太多想法，小朋友刚刚开始上幼儿园，老哭闹着不肯去，我担心她受这样的情绪影响在幼儿园不能好好吃饭，就特别想让她早餐吃饱吃好一点，这样也对她身体健康多些保障。

开始时挺困难，小朋友一早被叫醒就不高兴，叫她吃早餐就更难，我花半小时煮的早餐，她只吃一口，就说吃饱不吃了，这种情况大概持续了一个月的时间。太太看不下去，叫我放弃，说女儿不吃，既浪费时间又浪费粮食。当时我跟她这样说：“就是她每天吃一口也好，一个月也吃了三十口，如果我早餐不做，那就真的是零！”这句话后来我跟很多人分享过，也成为鼓励很多人坚持下去而改变早餐习惯的经典话语。就这样一直坚持着，慢慢地成为我生活中必不可少的习惯。

早餐桌上好分享

我们的早餐桌，也是我们分享聊天的好机会。一边吃早餐一边和孩子们聊天，除了每天各自所见所闻的分享，同时慢慢地灌输给她们人体需要的三大类营养素，比如每天早上都必须要吃各种食物，这样逐渐就养成了很好的早餐习惯。不仅如此，还懂得了碳水化合物、蛋白质、维生素三大类食物（本书中每一天的餐单里都按这三大类来安排）。有时候早餐没备蔬菜，吃完饭给小朋友半个苹果，她也明白水果是代替蔬菜来提供维生素，慢慢地，她也会习惯性的自己关注营养搭配，更懂得膳食要合理，挑食是不健康的习惯。如此，就这样一做11年咯，我做早餐，她吃饭，已经互相成了习惯。哪天她们要是外出上学不在我身边，哟，失落感就来啦。小女儿今年2岁，已经正式加入我们的早餐行列，姐姐常笑说妹妹是来接这个接力棒的呢。

餐桌里，餐桌外

和孩子们吃饭，也是一个发现与创作、引导和探索的过程。她经常会对食材有不同的反应或新的发现，也会给我提各种问题，这同时也激发我用不同食材来做出不同的料理，做得多了积累日增，也想要好好做个记录。朋友们经常关注我每天发出的早餐问候与图片，也口耳相传，提出各色各样的问题。干脆静下心整理出来，也就有了大家现在看到的这本书。

常听人说，陪伴，才是最长情的告白。

这本书，也是我和太太与孩子们，快乐长相伴的美味告白书，分享给大家，让美味发散，爱意加分。

张淙明

2017年4月于厦门

目 录

目录

CONTENTS

CONTENTS 目录

其实，为家人准备早餐并没有通常想象中那么难，只要大家跟着我来一起动手，做好计划，逐步实施，你终将成为一个好的早餐爸爸或早餐妈妈。

一、小小改变，早餐好心情

我们都知道“一日之计在于晨”，早餐更是启动一天的好开始，几个小小的改变来自长久以来操作的总结，给大家助力早餐的丰富多彩，开启一天好心情。

探索食物的不同呈现，体验美食的不同面

小朋友真的挑食吗?

某些食物小朋友不喜欢吃，其实并不绝对。有时候只是某一餐刚好不想吃而已，又或者是不喜欢这个食物的某种形态，多数家长会认为小朋友真的不吃，在餐桌上会直接避开，偶尔还会提起这件事，无形中加深小朋友的印象，认为自己不吃这类食物。

作为一个厨师，每天与不同的食材打交道，也特别喜欢寻找各种食材的不同呈现方式，改变食物的惯常做法，并贯彻到我给女儿做早餐的实践中。

举例

秋葵有很好的营养价值，但大女儿很不喜欢吃秋葵，因为黏糊糊的。

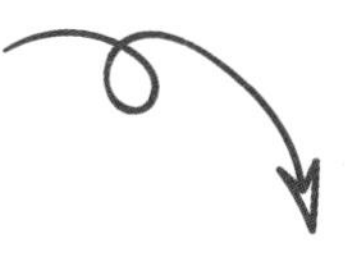

解决方法

改变食物的做法和呈现方式

有天早上应女儿的要求做三明治当早餐，我就把番茄和煮熟的秋葵冰镇后切碎，加上罐头金枪鱼泥和芝士片做三明治（书中有此项菜单介绍），女儿就很喜欢。

改变二

食物多样不多量

很多朋友反映他们的早餐单调，经常是包子、馒头配牛奶，稀饭配煎蛋，一周不变样。营养学家建议正常一天要吃25种以上食物，但一般家庭难以做到，我建议可以做一周计划，一周吃足25种，早餐多样不多量，不难。

举例

豆渣葱花虾仁鸡蛋饼，蔬菜鸡蛋沙拉、配杂粮豆浆或鲜榨果汁，轻轻松松10种食材都涵盖进去。

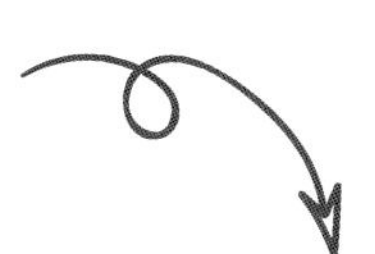

解决方法

一餐早餐10种食物并不难，多样食材一起煮，既省时间又营养丰富。

改变三

花样丰富颜色多，食欲好

小朋友每天早起上学，家长们很多时候在家里的早餐都简单解决，或到学校门口早餐摊随便吃一些。也许真的没时间，也许坚持早起一会儿的确有难度，也许没花样的早餐孩子吃烦了，所以放弃了早上美好的早餐时光。

举例

意面有各种形态，交通工具形、小星星、字母形、细意面、螺纹管等，还有各种蔬菜的颜色。可以做肉酱意面，鸡汤小管通心粉，芝士焗意面，小文蛤炒交通工具形意面，杂蔬汤煮小星星意面等等（书中的菜单也都有提及和介绍，出现率很高的）。两个女儿都很爱吃，小女儿还经常玩意面喂玩具熊的游戏，乐此不疲。早餐的餐桌欢声笑语，不过好像是我笑得比较多。大家多尝试，不要错过一家人快乐的早餐桌聚会。

解决方法

找些多花样的，颜色丰富，容易烹饪的食材。

改变四

异域食材新魅力

中餐烹饪少不了油烟和汤汤水水，异域食材就是我们早餐中的好帮手。三明治、汉堡、墨西哥饼皮、奶酪，西餐和烘焙的食材使用起来高效干净又简单，网购或者进口商超购物也很方便。变化食材，多样口味，好吃又好做，小朋友没理由不喜欢。

举例

迷你金枪鱼小汉堡，咖喱鸡肉三明治，金枪鱼芝士饼，肉酱芝士卷，椰浆紫米Pizza（做法参照本书菜单）。

改变五

隔夜汤的妙用

家常炖汤经常会剩下一些，好东西不要浪费。

举例

隔夜鸡汤蒸蛋（本书中有菜单介绍）。蒸蛋是早餐很好的选择，少有人不喜欢，加入鸡汤来炖，更是鲜美又营养，煮面也是一个很好的选择。

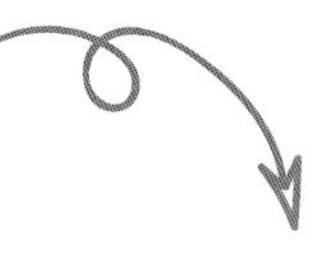

解决方法

先把汤渣过滤掉后放冰箱，鸡汤或肉汤经过一夜的冷藏，乳浊液层析胶体凝结，汤渣沉底，油脂会浮在上面，将浮油和沉底的汤渣去除，留下的清汤就是最精华的部分。

二、早餐计划早安排

给孩子做早餐已有12年了，实战经验早就积累很多了。

总结了几点分享给大家，多多实践，让早晨更美好，早餐更美好。

拟定周计划

如果每天都要考虑第二天早餐吃什么，的确让人头疼。

建议大家将早餐任务进行分解和整合，按照一周的时间来做规划，就没想象中那么困难啦。

举例

周一到周日，做个七天计划，比如今天吃鱼粥，明天吃牛肉饼，后天稀饭配煎蛋，再来一天吃面包三明治，来个汤面，后面还有墨西哥卷饼和Pizza等着要排早餐的队呢……其实一周早餐一下子就排满，早餐就丰富多样起来了。（具体菜色请参照书里的菜单）

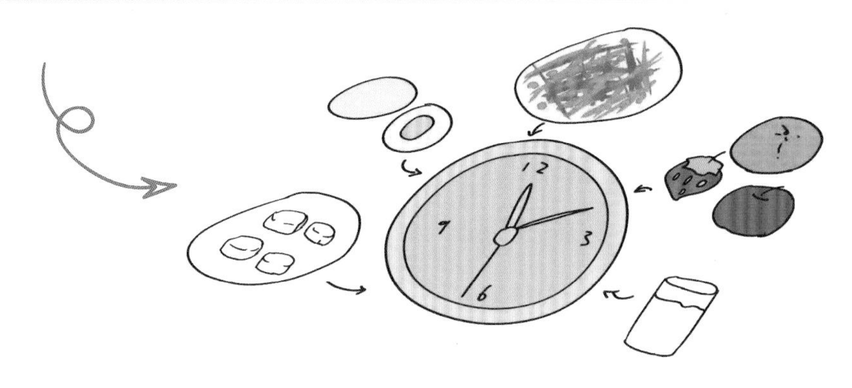

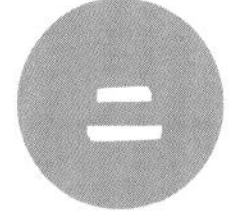

食材的采购和储备

我很喜欢逛超市和菜市场，进口食品超市也很喜欢逛。平时有时间就会去，目的就是多搜罗储备不同的食材，一些日常用的东西和并不一定马上要用的东西，看到新奇的、新鲜的我会买下来放着储备，多收集材料激发思路，食物多样化，换换花样做饭，小朋友想吃腻都难。

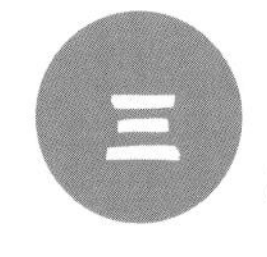

营养搭配，干湿搭配

好吃更要有营养，食物种类多样是满足营养均衡的必要条件。

在我的早餐桌上，基本上谷物类、蛋白质类、蔬菜水果类这三大元素都会配备齐全，特别是蔬菜，这往往是大家早餐安排中比较缺少和忽略的元素。

我特别重视蔬菜是因为它跟水果提供的维生素是有差别的，还有，水果在一天里要吃的机会很多，如可以喝杯果汁，也可以吃根香蕉或啃个苹果，蔬菜相比之下就没那么方便咯。所以我的早餐桌上，蔬菜尽量先安排。

干湿搭配好吃也易消化吸收，水饺、拌面、三明治、Pizza、卷饼、煎饼等，建议配一杯饮品如果汁、杂粮饮、豆浆，或时令水果等。汤面、粥类属于湿类。

养成好习惯

养成好习惯是关键。

城市生活节奏快，大部分人都因时间问题难以保证自己的早餐品质，匆匆忙忙包子、馒头、面包对付一下，其实一般只要花费半小时，就可以准备一份不错的早餐。鼓励大家早睡半小时，早起半小时，养成一个更健康的生活习惯，给自己、给家人准备一顿健康丰富的早餐，共享美好的早餐时光，而这些，最需要的还是一份饱满的生活热情来坚持。共勉啊朋友们。

早餐爸爸

精选早餐菜谱

01

2016-2-23
星 期 二

咖喱牛肉亚麻籽煎饼，白灼生菜，玉米汁

咖喱牛肉亚麻籽煎饼

食材： 面粉、牛奶、亚麻籽、牛肉、洋葱、青葱、鸡蛋

调味： 盐、酱油、咖喱粉、白糖、酵母、橄榄油

做法：

1. 调面糊：面粉加酵母加等量的水搅拌均匀，提前一晚加盖常温发酵，第二天早上加入面粉搅拌，亚麻籽加牛奶用料理机打碎和鸡蛋一起加入面糊里，加入盐和橄榄油搅拌均匀。
2. 牛肉切碎加洋葱碎和青葱碎，调入咖喱粉和盐、白糖、橄榄油，一起搅拌均匀。
3. 热平底锅，加少许橄榄油，放一勺面糊摊平，小火慢煎，加一层牛肉馅，再加一层面糊，底面煎成金黄成片连接，即可用锅铲翻面。

白灼生菜

调味： 盐、橄榄油

做法：

1. 生菜清洗干净，锅内加点盐和食用油，水可以多一些。
2. 大火滚水，将生菜放入锅里灼熟，盛盘加橄榄油，滴一点酱油调味即可。

玉米汁

做法：

1. 剥下新鲜玉米粒，用豆浆机料理。
2. 或煮熟后加开水用食物料理机打成玉米汁，可以适量加点糖提味。

小贴士

1. 如不提前一晚将煎饼面粉发酵，可以调整鸡蛋和油的分量，煎饼也会松软好吃。
2. 咖喱牛肉馅可以加少许鲜奶油，肉馅会更加润滑。
3. 玉米汁过滤剩下的玉米渣可以放冰箱，加点面粉和鸡蛋就可以煎饼，环保，高纤又好吃。

02

2014-10-22
星 期 三

花蛤肉末炒交通工具意面，西蓝花，黑豆浆

花蛤肉末炒交通工具意面

食材：花蛤、洋葱、胡萝卜、交通工具形意面

调味：黑椒碎、盐、牛奶或淡奶油、芝士粉

做法：

1. 意面用开水煮熟捞起（具体时间可以参照意面外包装说明）。
2. 洋葱和胡萝卜切碎，花蛤洗干净备用。
3. 锅里下橄榄油或食用油煸香洋葱和胡萝卜，加黑椒碎炒香。
4. 将花蛤放入锅里后加半杯纯净水，加盖中火煮至花蛤展开。
5. 放入煮熟的意面，加淡奶油或牛奶，加一点盐，中火煮至汤汁收得差不多干，加点芝士粉翻炒均匀即可。
6. 也可以在盛盘后撒芝士碎或芝士粉。

白灼西蓝花

锅里下开水白灼西蓝花，捞起后加橄榄油和酱油拌着吃。

黑豆浆

用豆浆机料理。

小贴士

1. 贝壳类很适合跟意面一起搭配，贝壳汤汁多又鲜甜，焖煮过程意面正好吸收贝壳的汁水。
2. 除了贝壳类外，用牛肉、猪肉、鸡肉按这样做法也一样好吃。炒意面尽量多带汤汁，不要干炒。
3. 西式的做法是加入淡奶油，中国人的口感比较怕腻，可以加牛奶替代，口感也非常好。

03

2016-4-28
星 期 四

肉酱芝士条，蔬菜沙拉，核桃花生牛奶

肉酱芝士条

食材： 古龙香菇肉酱（罐头）、墨西哥饼皮、马苏里拉芝士碎、葱花

调味： 古龙肉酱的味道足够，不需要其他调味

做法：

1. 拿一张饼皮，抹上一些古龙肉酱，加点芝士碎和葱花，卷成条形状，将两边多余的饼皮切掉。
2. 平底不粘锅，无须加油，直接把芝士条放入慢火煎至芝士融化喷香即可。

蔬菜沙拉

食材： 西生菜、小番茄、鸡蛋、蒜泥、帕玛臣芝士碎或芝士粉

调味： 橄榄油、果醋、蜂蜜、酱油

做法：

1. 西生菜和小番茄洗净放碗里。
2. 鸡蛋煮熟后剥壳一切四摆放入蔬菜沙拉碗里。
3. 调油醋汁：橄榄油、果醋、蜂蜜、酱油，按1∶1∶1∶1的比例加蒜泥调成汁。
4. 将油醋汁淋入蔬菜，根据个人口味沙拉可以加黑胡椒碎和芝士粉增加风味。

核桃花生牛奶

将核桃、花生、牛奶一起用豆浆机料理。需要注意，牛奶放入豆浆机内煮容易沸和烧焦，用50%牛奶，50%水的比例为宜。

小贴士

这道早餐既好看，又好吃，看起来像零食，其实营养、味道、分量都够了，操作又简单方便。
小朋友会喜欢。

炸芝麻猪排

食材：猪腿肉或梅肉、芝麻、青葱粒、蒜蓉

调味：酱油、盐、胡椒碎、地瓜粉

做法：

1. 猪肉切成厚片，用刀背或肉锤拍松，这样肉纤维松软些，口感好，易入味。
2. 猪肉加入酱油、胡椒碎、葱花、蒜蓉、地瓜粉，撒上芝麻一起搅拌均匀。
3. 入锅小火油炸，炸酥后切块摆盘，加一点蔬菜丝作点缀更美。

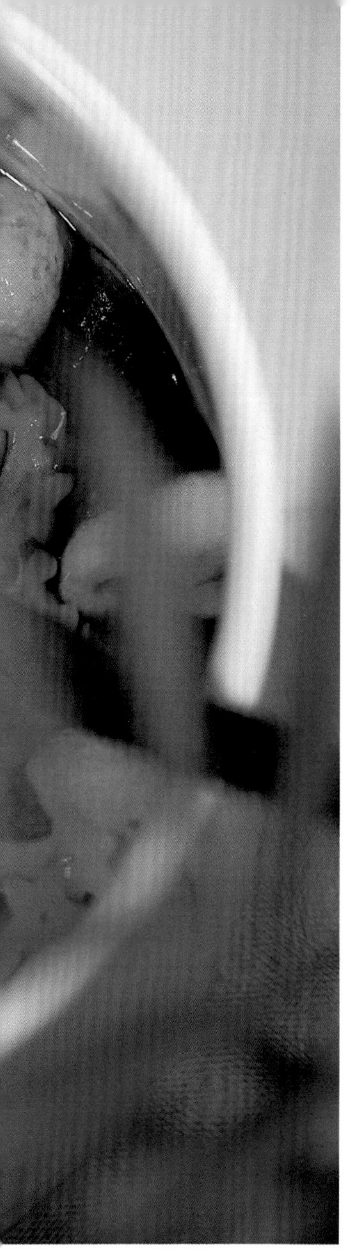

蔬菜鱼丸汤小星星意面

食材： 小星星意面、鱼丸、鲜香菇、青菜、番茄

调味： 盐、胡椒粉

做法：

1. 锅内水开后煮小星星意面备用（具体做法可参照意面的外包装说明）。
2. 取一个汤锅加水或汤，放入鱼丸、鲜香菇、青菜和番茄一起滚汤。
3. 再放入小星星意面一起煮沸。
4. 适当加盐和胡椒粉调味。

小贴士

1. 意面很得小朋友的喜欢，超市里有很多品种可选择，小星星面、字母面、螺纹面、交通工具形意面等，都可以买来做早餐，增加趣味，好吃好玩。
2. 芝麻平时比较少吃，可以加在炸物里，增加香味，增加食物的多样性。

05

2017-5-1

星期一

秋葵午餐肉三明治，虾仁蒸蛋，莲雾

秋葵午餐肉三明治

食材： 午餐肉罐头、吐司面包、秋葵、洋葱碎、葱花

调味： 黑胡椒碎、黄油

做法：

1. 吐司片烤一下抹上黄油备用。
2. 午餐肉先用刀背压扁压碎，加入洋葱碎，葱花、胡椒碎一起搅拌均匀成泥。
3. 秋葵煮熟冰镇后切碎。
4. 在吐司先铺一层秋葵碎，盖一片吐司再铺上午餐肉泥，最后盖上一层吐司后切对角。

虾仁蒸蛋

食材： 鲜虾仁、鸡蛋、葱花

调味： 盐、酱油

做法：

1. 鸡蛋打蛋液加盐，加温水，水和鸡蛋3∶1比例（如果有汤代替水最好）。
2. 鲜虾仁用开水烫过之后放入蛋液里，隔水炖，大火烧开水后立刻转成最小火，慢慢炖4～5分钟，开盖后撒葱花再滴一些酱油口感更鲜。

搭配鲜果：莲雾

小贴士

1. 秋葵是非常好的蔬菜，但黏液多却让很多人不喜欢，特别是小朋友。将秋葵煮熟后冰镇会很好地降低黏液，把秋葵切碎放在三明治里会让人更容易接受，而且营养丰富口感好。
   冰镇秋葵做法：先准备好冰水，再用开水煮秋葵。将秋葵的头尾切除露出气孔（如果没有去头去尾，在加热过程秋葵内密闭的气体受热后会爆开，不小心容易烫伤），水烧开放入秋葵煮30秒左右捞起，直接放入冰水里，这样秋葵的颜色碧绿口感脆，也保持营养。
2. 午餐肉是简单又方便的食品，但是口味比较单一，把午餐肉压碎，加入蔬菜粒和胡椒味道丰富起来，口感更加饱满。
3. 蒸蛋先大火烧开，立刻转小火慢炖，这样蒸出来的蛋软嫩、平整，好看好吃。

06

2017-4-25
星 期 二

奶油汁剥皮鱼烩荞麦面，橙汁

奶油汁剥皮鱼烩荞麦面

食材：剥皮鱼、荞麦面、洋葱、青葱、香菜、鲜奶油、黄油、面粉

调味：黑胡椒、盐、姜汁

做法：

1. 黄油面制作：锅里加黄油微火慢慢熔化，加入面粉继续慢火炒熟面粉（可以一次做多些，留着以后多次使用）。
2. 奶油汁制作：洋葱切碎放入锅里用油炒香，加点黑胡椒碎，倒入鲜淡奶油，小火煮开后加少许盐调味，最后加入第一步制作的黄油面，使酱汁变稠。
3. 剥皮鱼取肉切块，加胡椒粉和盐、葱花、姜汁一起腌制入味，裹上一层地瓜粉，放平底锅里煎熟至表面酥脆。
4. 把煎熟的剥皮鱼放入酱汁锅里小火煮开，收汁一小会儿，加入香菜碎。
5. 锅内放水煮开后煮荞麦面，熟后捞起盛盘。
6. 用带着浓厚酱汁的剥皮鱼和荞麦面拌匀了一起吃。

搭配橙汁

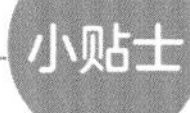

小贴士

1. 这个做法可以适合各种鱼类，记得挑选鱼肉较厚鱼刺较少的鱼更为适合小朋友。
2. 姜汁的做法和妙用：姜用刀背拍一下挤汁，加入剥皮鱼腌制，鱼更香更好吃。

07

2017-4-18
星期二

奶油汁煎三文鱼配薯泥，玉米汁

奶油汁煎三文鱼配薯泥

食材：三文鱼、土豆、洋葱、青葱、鲜奶油、黄油、面粉

调味：黑胡椒、盐

做法：

1. 黄油面制作：锅里加黄油微火慢慢熔化，加入面粉继续慢火炒熟面粉。
2. 奶油汁制作：洋葱切碎放入锅里用油炒香，加点黑胡椒碎，倒入鲜淡奶油，小火煮开后加少许盐调味，最后加入第一步制作的黄油面，使酱汁变稠。
3. 土豆泥：土豆蒸熟后在碗内加上黄油、盐、胡椒碎、青葱粒 一起搅拌均匀。
4. 三文鱼煎熟摆盘，土豆泥摆盘，淋上奶油汁。

玉米汁

用豆浆机料理。

小贴士

1. 三文鱼本身脂肪比较多，煎的时候可以用比较少的油即可。
2. 土豆不用搅太碎，有一点颗粒的口感会更好吃。

08

2015-11-20
星 期 五

金枪鱼芝士饼配紫菜拌虾仁，菠萝，鲜奶

金枪鱼芝士饼

食材： 油浸金枪鱼罐头、马苏里拉芝士、墨西哥饼皮、黑橄榄、葱花

做法：

1. 金枪鱼罐头搅拌成鱼泥。
2. 取一张墨西哥饼皮，铺上芝士，涂上金枪鱼泥，铺上橄榄碎、葱花，上面再盖一张墨西哥饼皮。
3. 小火慢煎，双面煎至金黄，芝士融化喷香即可。

紫菜拌虾仁

食材： 头水紫菜、鲜虾仁、青葱粒

调味： 酱油、醋、糖、麻油

做法：

1. 虾仁清洗干净后，锅内水放多一些，大火烧开水，虾仁下锅后关火让余温来浸熟。
2. 紫菜水洗后开水烫熟沥干水，加酱油、醋、糖、麻油和紫菜、虾仁一起拌匀，根据个人口味可以添加蒜蓉，味道更好。

配搭菠萝，鲜奶

小贴士

1. 墨西哥饼皮是非常方便的早餐食材，免油也可以直接加热，微波炉或者热锅煎一下就可以直接吃。
2. 头水紫菜水烫熟后要用过滤网滤水，尽量滤干些，才不会影响凉拌菜的口感。

09

2017-3-29

星 期 三

虾仁西蓝花沙拉，煎裹蛋
芝麻馒头，豆浆

虾仁西蓝花沙拉

食材：虾仁、西蓝花、蒜蓉

调味：橄榄油、意大利果醋、蜂蜜、酱油、帕玛臣芝士碎、胡椒碎

做法：

1. 锅里水煮开放入虾仁，关最小火浸熟，捞起来放入冰水里冷却。
2. 西蓝花开水煮熟后放冰水冷却捞起，甩干水分。
3. 调油醋汁：酱油、橄榄油、蜂蜜、意大利果醋大约按1∶1∶1∶1调和后，可以加入蒜蓉增加风味，油醋汁比例可以按个人喜好调整。
4. 西蓝花和虾仁一起摆盘，淋上油醋汁即可，撒上黑椒碎和芝士粉更香。

煎裹蛋芝麻馒头

食材：馒头、鸡蛋、黑芝麻

做法：将鸡蛋打散加入芝麻，可以添加少量牛奶，馒头切片后裹蛋液，用平底锅中火煎熟。

豆浆

豆浆机料理即可。

小贴士

中国人传统早餐中的馒头、豆浆搭配是最好的蛋白质互补，两种或两种以上食物蛋白质混合食用，其中所含有的必需氨基酸取长补短，相互补充，达到较好的比例，从而提高蛋白质利用率的作用，称为蛋白质互补作用。不同种类的食物相互搭配，可提高限制氨基酸的模式，由此提高食物蛋白质的营养价值。豆类中丰富的赖氨酸和谷物中丰富的色氨酸有效的互补，也就是常说的蛋白质木桶效应。

10

2016-4-12
星　期　二

咸橄榄/老萝卜茶油蒸瘦肉，配粥，煎蛋，青菜

咸橄榄/老萝卜茶油蒸瘦肉

食材：瘦肉、咸橄榄罐头/老萝卜、茶油

做法：

瘦肉切条或切片，放入碗内，加入咸橄榄（或切条的老萝卜），再加一些茶油和酱油一起上锅蒸熟。

粥

双米粥：大米小米各半，浸泡20分钟后再煮粥，早餐时间来不及建议直接用高压锅煮。

地瓜粥：地瓜切块，和胚芽米一起入高压锅煮。

煎蛋

1. 热锅冷油，煤气调到最小。
2. 将蛋敲在碗里后再倒进锅里煎。
3. 用筷子将蛋黄刺开，先煎一面再用筷子翻另一半使蛋呈半圆重叠，继续小火两面煎熟。
4. 这样的煎蛋既保证全熟又能吃到软糯的蛋黄，吃的时候滴几滴酱油或撒细盐。

白灼蔬菜

直接用开水灼熟蔬菜，滴一点酱油和橄榄油调味。

小贴士

1. 鸡蛋一定要先洗干净，最好吃全熟避免细菌。
2. 建议家里备个可以煎一个鸡蛋的小号不粘锅。
3. 煎蛋时先将鸡蛋打在碗里后再下锅，避免遇到“坏蛋”。
4. 老萝卜，也叫陈年萝卜或老菜脯，是闽南或潮汕一带的祖传好食材，一般要看年限，年限越久越黑越醇香，有开胃健脾消滞的功效，和肉一起炖，味道非常好，除了蒸肉做菜，也可以炖汤喝。

11

2017-3-24

星 期 五

豆渣葱花虾仁鸡蛋饼，桑葚，核桃豆浆

豆渣葱花虾仁鸡蛋饼

食材：豆渣（榨豆浆过滤后的渣）、鲜虾仁、鸡蛋、低筋面粉、青葱粒

调味：盐、食用油、胡椒碎、牛奶

做法：

1. 在面粉里加鸡蛋、牛奶，加盐和食用油，搅拌调成面糊。
2. 将虾仁切碎和豆渣加入面糊后拌匀。
3. 平底锅下油， 倒入调好的面糊，慢火两面煎熟煎香。

搭配桑葚

核桃豆浆

用豆浆机料理。

小贴士

1. 豆浆料理机打出豆浆后，过滤后的豆渣依然还有丰富的营养和纤维，加入面粉、鸡蛋、虾仁后口感好吃很多，吃不到豆渣的粗纤维感又加强营养和纤维吸收。
2. 杂粮豆浆也是好选择，从食物多样化和口感上都很好，芝麻、燕麦、小米、黑豆、黄豆等，都可以做不同的互相搭配。

早餐小趣味

昨天家里忘记买新鲜青菜，早上有点急，冰箱翻出一点芦笋和一点大白菜，外加一个番茄白灼了吃，因为有葱头猪油拌起了也很好吃。早餐以往没有吃过大白菜，告诉女儿大白菜虽然不是绿叶，维生素C会少点，但是它有水分和粗纤维，粗纤维对人体很重要，可以促进新陈代谢。

12

2014-4-14
星期一

干贝榛蘑烧排骨拌乌冬面，葡萄

干贝榛蘑烧排骨拌乌冬面

食材：干贝、榛蘑、排骨、乌冬面

调味：酱油、青葱粒

做法：

1. 榛蘑、干贝洗干净。
2. 热锅冷油，先把排骨炒香，然后再放干贝和榛蘑一起翻炒。
3. 加点酱油和水一起烧一会，时间比较紧的话可以用高压锅压8分钟左右。
4. 开水烫一下乌冬面，盛盘。
5. 将煨好的干贝榛蘑排骨浇在乌冬面上，撒上青葱粒。

搭配葡萄

小贴士

1. 榛蘑很香，干贝很鲜，乌冬面比较淡，调配的干贝榛蘑烧排骨可以稍微重味道一点，也可以按个人口味调配。
2. 同样的做法也可以配其他面条，榛蘑也可以换成其他菌类。

13

2017-5-3

星期三

蚝干珠蚝排骨粥，油麦菜

蚝干珠蚝排骨粥

食材：大米、小米、蚝干（海蛎干）、珠蚝（海蛎）、排骨、香菇、姜、葱、干葱酥

调味：盐、胡椒粉

做法：

1. 排骨先用水煮过，水倒掉，再清洗干净。
2. 加大米、小米、蚝干、香菇，一起慢火熬粥。
3. 煮熟的粥开大火煮，粥大滚时放入鲜珠蚝（海蛎）煮开一次即可关火。
4. 加姜丝、干葱酥、盐调味，最后加入葱花和胡椒粉。

白灼油麦菜

做法：水里放点盐煮开，油麦菜灼熟后盛盘，淋一点橄榄油和酱油。

小贴士

1. 珠蚝：又名蚵，近江牡蛎，是属于牡蛎科，被称为“海底中的牛奶”，贝壳类海鲜的一类，它是牡蛎品种中一种个头较小的；原先它是生长在浅海处的杂石陶片等器物上，现代也发展为人工筏式养成。由于个头不大，养殖周期比较长，所以口感更鲜甜细腻 。
2. 海蛎含锌量很高，如果没有新鲜的海蛎也可以用海蛎干煮粥，营养和口感也一样的好。

14

2017-6-9
星 期 五

小黄鱼煮挂面

小黄鱼煮挂面

食材：新鲜小黄鱼、葱花、姜丝、番茄、挂面

调味：盐、胡椒粉

做法：

1. 小黄鱼洗干净后，用厨房纸巾吸干水。
2. 热锅冷油，把小黄鱼大火双面煎香。
3. 加入开水，和切丁的番茄一起滚汤。
4. 鱼汤烧好后放入挂面滚一下，鱼可以先捞起来装盘另吃避免汤里有鱼刺，面汤盛碗。
5. 撒一些青葱粒点缀，加些胡椒粉调味。

小贴士

番茄有点酸味，和鱼一起煮汤更鲜美而且营养丰富，颜色鲜艳好看。

15

2015-3-1
星　期　日

煎饼配奶油奶酪牛油果，配五谷杂粮豆浆，蔬菜

煎饼配奶油奶酪牛油果

食材：煎饼粉、奶油奶酪、鲜奶油、牛油果

做法：

1. 煎饼粉加水调成饼糊。
2. 用平底锅，铺一层饼糊用慢火煎熟，煎好切块摆好。
3. 奶油奶酪常温融化后，加鲜奶油和适量白糖一起，用电动搅拌器打发起泡。
4. 牛油果切丁加入奶油奶酪一起吃。

凉拌蔬菜

金针菇、蔬菜梗开水灼熟放冷却，加入盐、麻油、蒜泥拌匀。

五谷杂粮豆浆

用料理机料理，夏天去湿气可以选择薏仁米和核桃、芝麻等坚果类搭配一起吃，口味好营养丰富。

小贴士

1. 这个搭配里除了煎饼外，也可以选择配华夫饼、烤吐司片等，小朋友都很喜欢吃。
2. 除了可以自己调煎饼粉，也可以买现成的煎饼粉来做。

16

2017-4-17

星 期 一

煎鸡腿菠萝三明治，芝麻花生核桃露，鲜橙

煎鸡腿菠萝三明治

食材：鸡腿、菠萝、洋葱、番茄、生菜、葡萄干、葱花、蒜末

调味：沙拉酱、地瓜粉、黑胡椒、酱油

做法：

1. 将鸡腿去骨，加酱油和黑胡椒、葱花、蒜末腌制入味，裹一层地瓜粉，下平底锅慢火煎熟，表面煎香脆。
2. 等鸡肉凉下来切丁，菠萝、洋葱、番茄、生菜、葡萄干全部切丁，加沙拉酱拌匀。
3. 吐司双面烤酥脆，一片面包加一层馅料均匀铺好，做成三明治。

搭配芝麻花生核桃露

用料理机料理。

搭配鲜橙

小贴士

1. 煎鸡腿时油可以适量放多一些，类似半煎炸，避免地瓜粉易烧焦。
2. 煎鸡肉也可以换其他的肉类，如猪排、牛柳、鸭胸肉，或其他肉类，水果除了菠萝也可以换苹果搭配，加上坚果碎口感和营养更丰富。

17

2015-5-12
星期二

嗆汁猪肝捞面，拌芦笋
番茄，豆浆

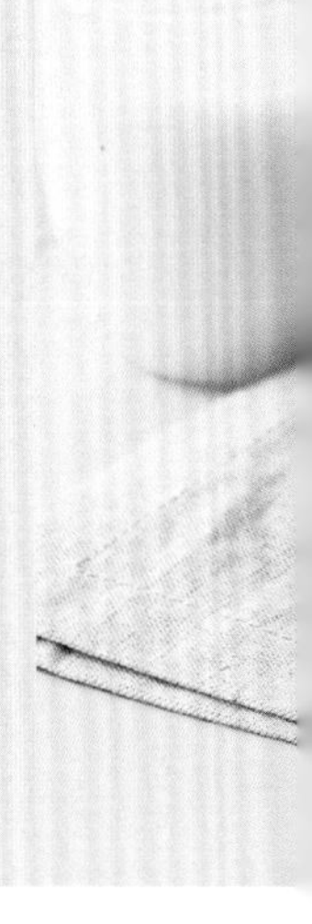

喼汁猪肝捞面

食材：猪肝、洋葱、蒜末、青葱粒、挂面或面线

调味：厦门喼汁（或李派林喼汁，如果觉得酸度不够可以适量加陈醋来调味）、酱油、白糖、香葱油、胡椒碎

做法：

1. 将猪肝切丁，洋葱切碎。
2. 猪肝丁加些地瓜粉拌匀。
3. 锅里放橄榄油，猪肝丁表面煎熟，加入洋葱碎一起炒香。
4. 加喼汁、料酒、酱油、白糖，开水焖煮至熟，加葱花点缀。
5. 面煮熟了后捞起来盛盘。
6. 带酱汁的喼汁猪肝淋在面上就可以吃了。

搭配豆浆

用豆浆机料理。

凉拌芦笋番茄

食材：芦笋、番茄

做法：

1. 芦笋洗净切段，番茄洗净切片。
2. 开水里放点盐，灼熟芦笋，加上番茄片点缀颜色。
3. 淋一些酱油或蚝油、葱油调味。

18
2016-6-15
星 期 三
鲜贝西蓝花沙拉，黄油葱
蒜烤吐司，南瓜小米牛奶

鲜贝西蓝花沙拉

食材： 鲜贝肉、西蓝花、小番茄、蒜蓉

调味： 橄榄油、意大利果醋、蜂蜜、酱油、帕玛臣芝士碎、胡椒碎

做法：

1. 锅里水煮开放入鲜贝肉，关最小火浸熟贝肉，捞起来放入冰水里冷却。
2. 西蓝花开水煮熟后放冰水冷却捞起，甩干水分。
3. 油醋汁请参照之前的菜单来操作，口味可以自行调整。
4. 西蓝花和鲜贝、小番茄一起摆盘，淋上油醋汁，可根据个人口味添加黑胡椒或芝士粉口味更佳。

小贴士

超市可以买到现成的鲜贝肉，经常会因为处理不好口感偏老或腥味重，这样就错失美味和好食材了。用以上做沙拉的做法，操作简单，而且口感好，营养还不流失。

黄油葱蒜烤吐司

食材： 吐司片、葱、蒜、黄油

做法：

1. 黄油提前室温融化后，加上蒜泥和葱碎一起搅拌均匀。
2. 吐司片抹上黄油葱碎蒜泥，烤箱预热到230 ℃ ~ 250 ℃，面包烤到表面上色金黄香脆。

南瓜小米牛奶

南瓜和小米先煮熟，加上牛奶一起放进料理机打成浆。

19

2016-5-5
星期五

咖喱鸡三明治，
鲜奶，樱桃

咖喱鸡三明治

食材：鸡腿肉、洋葱、青葱、马苏里拉芝士

调味：咖喱酱、盐、糖、橄榄油、鲜奶油或椰浆（可以按个人喜好添加）

做法：

1. 鸡腿肉切丁，加洋葱碎、青葱碎，加上咖喱酱搅拌均匀，滴一些橄榄油。
2. 将准备好的肉酱涂抹在对切开的法棍面包上，芝士碎铺满。
3. 烤箱220℃烤5分钟左右，烤到芝士金黄喷香。

搭配鲜奶、樱桃

小贴士

咖喱肉馅内适当加入一些鲜奶油或椰浆调配，会让口感更好更香滑。

早餐小趣味

吃早餐的时间经常给女儿传递膳食营养知识，告诉她人体需要的三大类营养：碳水化合物、蛋白质、维生素。所以早餐吃了稀饭还要吃鸡蛋，吃了稀饭和鸡蛋还要来点青菜，这样才叫完整的早餐。今天冰箱没有蔬菜，吃完早饭给女儿准备了1/4个的苹果，她一下就明白水果是补充蔬菜的维生素部分。

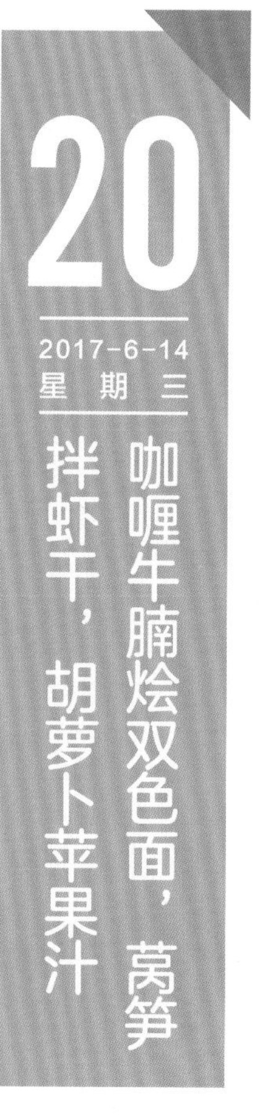

咖喱牛腩烩双色面

食材： 牛腩、洋葱、番茄、荞麦面+普通挂面、咖喱酱、姜蒜末

调味： 盐、糖、椰浆、牛奶

做法：

1. 番茄、洋葱切丁备用，牛腩洗净切块备用。
2. 锅内下油炒香姜蒜末，洋葱丁、番茄丁一起炒香后，再下牛腩块一起煸炒。
3. 下咖喱酱和水，放入高压锅煮12分钟左右。
4. 出锅后加盐、糖调味，适量加椰浆和牛奶让咖喱酱的口感更润滑。
5. 另一边起锅煮双色面，面熟后捞起来盛盘。
6. 咖喱酱浇汁在面上就可以吃了。

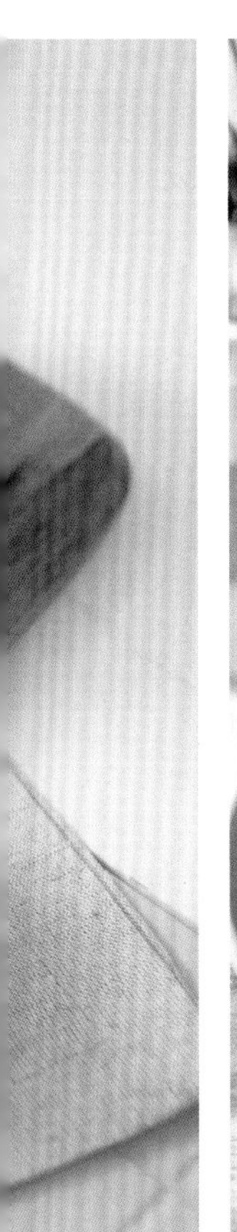

莴笋拌虾干

食材： 莴笋、虾仁干

调味： 香麻油、盐

做法：

1. 莴笋洗净切片，虾仁干洗净备用。
2. 莴笋片用开水快速的过一下水（不过水也可以，按口感喜好来操作）。
3. 莴笋片、虾仁干和香麻油、盐一起搅拌均匀即可。

搭配胡萝卜苹果汁

小贴士

1. 煮咖喱时洋葱可以加多一点量，炖熟炖烂后洋葱碎会增加咖喱的稠度，也就不用再勾芡。
2. 番茄的微酸和甜度正好可以中和咖喱的味道，比较不腻，口感更佳。

21

2015-8-31
星期一

迷你金枪鱼汉堡，蜂蜜百香果

迷你金枪鱼汉堡

食材： 高筋面粉、黄油、鸡蛋、芝麻、青瓜、油浸金枪鱼罐头

调味： 白糖、沙拉酱

做法：（小汉堡制作）烘焙和中餐不大一样，用料比较精确，但还是以最后实际操作和设备特点为宜。

1. 高筋面粉500 g、白砂糖100 g、黄油100 g、酵母10 g。
2. 加水适量搅拌成面团，然后分成大小均匀的小块约15 g，揉成圆团后表面撒上白芝麻发酵约1小时后入烤箱，烤箱上火200 ℃，下火170 ℃。
3. 将金枪鱼肉用汤匙压碎成泥，根据个人口味可以加盐和黑胡椒，将汉堡对半切开，加沙拉酱、青瓜片、金枪鱼泥，再盖上另一半汉堡。

蜂蜜百香果香甜饮

百香果果浆放杯子里加一些冷开水，加一些蜂蜜搅拌均匀，香甜可口。

小贴士

1. 汉堡搭配中除了青瓜，还可以配生菜、番茄。
2. 油浸金枪鱼罐头也可以换成金枪鱼泥罐头，一样的好味道。
3. 小汉堡需要提前做好，备用。

22

2014-3-6

星 期 四

蔬菜牛肉炒白粿，小米绿豆沙

蔬菜牛肉炒白粿

食材：牛肉、小白菜菜梗、白粿、洋葱、鸡蛋

调味：蚝油、胡椒粉、地瓜粉

做法：

1. 牛肉切成片或条状，切碎也可以，加酱油、胡椒碎、地瓜粉抓匀，菜梗、洋葱切丝。
2. 热锅冷油，下牛肉片煎熟后备用，鸡蛋打蛋液炒熟后备用。
3. 洋葱丝炒香，下白粿片加蚝油，加点开水或清汤，加盖焖煮，等汤汁差不多收干时加牛肉、菜梗丝、鸡蛋一起翻炒。

小米绿豆沙

一起放入豆浆机料理。

小贴士

1. 白粿有干的也有新鲜湿的，如果是干的要提前一晚泡水放冰箱。
2. 类同的做法，也可以炒面、炒粉。

23

2016-4-29

星期五

茄子肉末焖米粉，拌腐竹青菜番茄，红茶

茄子肉末焖米粉

食材： 茄子、猪肉、米粉、洋葱、韭菜

调味： 古龙香菇肉酱（罐头）、干葱酥、酱油

做法：

1. 猪肉末放些地瓜粉抓匀，下锅炒香，茄子切条，和洋葱碎一起炒香。
2. 米粉用开水烫一下，下锅加水和肉酱一起焖炒，水可以多一些。
3. 水稍微收干后加干葱酥和韭菜点缀装盘。

拌腐竹青菜番茄

调汁： 酱油、麻油、蒜蓉调一碗汁，将青菜、番茄和腐竹烫熟，吃的时候浇汁。

搭配红茶

小贴士

1. 猪肉末放些地瓜粉抓匀，炒的时候避免粘锅。
2. 肉末炒茄子米粉，可以选古龙香菇肉酱罐头、红烧肉罐头或香菇猪脚罐头都可以，都很美味。

24

2017-3-10
星期五

土鸡蛋炒蚝润，凉拌海带芽菜，白米粥

土鸡蛋炒蚝润

食材：鸡蛋、蚝润、青葱

调味：盐、胡椒粉、陈醋、糖、蒜蓉、酱油、麻油

做法：

1. 鸡蛋打蛋液加盐、胡椒粉、葱花、蚝润。
2. 热锅冷油大火翻炒熟。

凉拌海带芽菜

海带丝和豆芽灼水后冲凉水，加红椒丝、青葱丝、酱油、陈醋、糖、蒜蓉、麻油拌匀。

小贴士

蚝润做法和来历：热锅加少许油，平铺海蛎煮熟后，放在通风的位置晾晒，这是传统海边人家的做法，源自于以前渔民没有冰箱保鲜设备，先做好备用，第二天再烹饪时更有风味。

25

2013-9-9
星 期 一

午餐肉炒蛋配吐司，鲜榨橙汁

午餐肉炒蛋配吐司

食材：午餐肉、鸡蛋、青葱粒、白吐司

调味：盐、胡椒粉

做法：

1. 午餐肉切丁备用。
2. 鸡蛋打蛋液加上午餐肉丁、青葱粒、盐、胡椒粉调匀。
3. 热锅冷油，将调好的蛋液午餐肉翻炒香。
4. 白吐司烤热或不烤都可以，切块摆盘就可以吃了。

搭配鲜榨橙汁

小贴士

1. 炒鸡蛋可以在蛋液里加约10%比例的温水或牛奶一起翻炒，品相饱满口感嫩滑。
2. 同样的做法，午餐肉也可以换成火腿丁、培根、虾仁、蟹肉等。

虾仁米粉水晶卷

食材：越南春卷皮、鲜虾仁、米粉、青瓜丝、花生碎、蒜泥

调味：果醋、橄榄油、蜂蜜、酱油、黑胡椒

做法：

1. 米粉用开水煮熟后放至常温，青瓜切丝，虾仁煮熟备用。
2. 越南春卷皮用水浸泡至软，将米粉、虾仁、青瓜丝一起包成卷，对半切段。
3. 调油醋汁（可参照之前菜单内做法），可以加蒜泥增加风味，加入花生碎，淋上水晶卷或蘸着吃。

搭配鲜榨玉米汁

小贴士

越南春卷皮和国内的面皮、春卷皮不同，是做成硬片状，稍微放在水里浸泡几秒就变成透明柔软了，口感软而爽滑，如果怕浸泡时间把握不好也可以平铺在盘子里抹上水，过一会就变柔软了。

27

2016-6-13

星期一

小花蛤炒墨汁意面，糖番茄，鲜奶

小花蛤炒墨汁意面

食材： 花蛤、洋葱、墨汁意面、香菜

调味： 黑椒碎、盐、芝士粉、鲜奶或鲜奶油

做法：

1. 将意面用开水煮10分钟至熟后捞起（根据意面包装说明书上的时间建议来操作）。
2. 洋葱切碎，花蛤洗干净。
3. 锅里下橄榄油或食用油煸香洋葱，加黑胡椒碎。
4. 将花蛤放入锅里后加半杯纯净水，加盖中火煮至花蛤展开。
5. 放入煮熟的意面，加一点盐，中火煮至汤汁差不多收干，加些牛奶或鲜奶油口感更香浓，加点芝士粉和香菜翻炒均匀，也可以盛盘后再撒些芝士粉。

糖番茄

做法： 番茄切块，撒上白糖铺面即可。

配搭鲜奶

小贴士

1. 类似的做法可以炒任何类型的意大利面。
2. 西式炒意面的做法是加鲜奶油，中国人的口味不一定吃得这么腻，也可以试试加牛奶，口感也很好。

28

2017-1-4
星期三

华夫饼，隔夜鸡汤炖蛋，醋拌秋葵

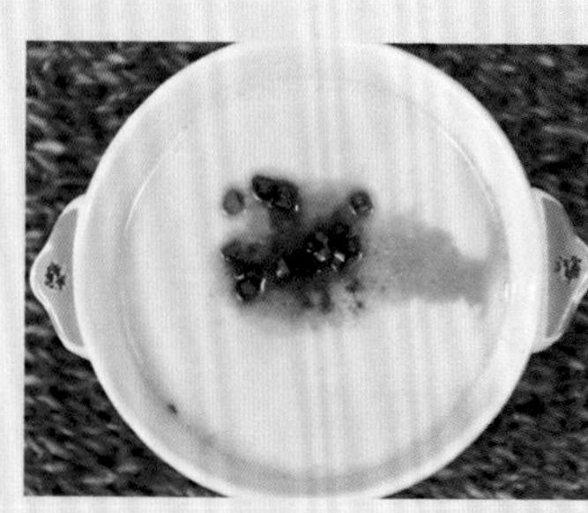

隔夜鸡汤炖蛋

食材：隔夜鸡汤、鸡蛋

调味：酱油

做法：

1. 家里午餐、晚餐经常有剩汤，尽量不要浪费，都是美味。
2. 把汤渣过滤掉放冰箱，鸡汤、肉汤经过一夜的冷藏，乳浊液层析，胶体凝结，汤渣会沉底而油会浮在上面，将浮油和沉底的汤渣去除，留下来的清汤就是最精华的部分。
3. 鸡蛋打蛋液，加入隔夜鸡汤，搅拌均匀，盛碗里。
4. 入锅隔水蒸，水开后放入蒸蛋碗，大火蒸一会换最小的火慢慢蒸，5~7分钟后即可，撒青葱粒和酱油点缀调味。

华夫饼

食材：鸡蛋、牛奶、面粉、砂糖、芝麻、黄油

做法（调面糊）：

1. 拿一个容器盛热水，隔水放黄油融化。
2. 鸡蛋打蛋液，加入面粉、砂糖、牛奶、芝麻，隔水化的黄油一起搅拌均匀。
3. 饼铛预热后将面糊放入饼铛，烘烤熟即可（也可以选择煎饼粉Pancake mix来调水更简单方便，超市有售）。

醋拌秋葵

食材：秋葵

调味：酱油、醋、葡萄籽油、蒜末、辣椒

做法：

1. 秋葵洗干净备用。
2. 大锅煮开水，秋葵入水煮熟。
3. 马上放入一旁备好的冰块水里过冰，秋葵的黏液就会得到很好的处理。
4. 过冰水后的秋葵对半切开，盛盘备用。
5. 调酱汁：酱油、醋、葡萄籽油、蒜末一起调制，根据个人口味可以加些辣椒，然后均匀地淋在秋葵上。

29

2016-4-25

星 期 一

椰浆紫米比萨，德式香肠蔬菜沙拉，豆浆

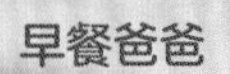

椰浆紫米比萨

食材：紫米、马苏里拉奶酪、墨西哥饼皮（比萨底）

调味：牛奶、椰浆、糖

做法：

1. 紫米加纯净水煮成紫米饭，再加糖、牛奶、椰浆慢火煮成粥糊状。
2. 拿一张墨西哥饼皮，放上一层紫米粥糊，再铺一层马苏里拉奶酪（超市有售双芝士混合丝）。
3. 烤箱180 ℃烤至芝士融化略金黄即可（烤箱的具体温度以个人家里的装备为宜）。

德式香肠蔬菜沙拉

食材：德式香肠、有机蔬菜、帕玛臣芝士碎

调味：意大利果醋、橄榄油、蜂蜜、酱油、蒜末

做法：

1. 德式香肠水煮熟后切块，有机蔬菜洗净备用。
2. 调油醋汁：请参照前文介绍来调配。
3. 香肠、蔬菜、油醋汁一起拌匀，撒帕玛臣芝士碎或芝士粉。

豆浆

用豆浆机料理。

小贴士

1. 紫色糯米采用云南出产，蒸熟后口感特别软糯，加上椰浆更加香甜。
2. 紫米也可以根据个人喜好添加芋头和南瓜丁，事先蒸熟后切丁，味道非常搭，颜色也好看。
3. 紫米清洗时用水轻微地冲洗即可，因为紫米的颜色在表皮，用力搓洗会导致掉色。

30

2014-1-4
星期六

早餐牛排配蔬菜细意面，红茶

煎早餐牛排

食材： 早餐牛排

调味： 橄榄油、胡椒粉、盐、黑胡椒酱汁（超市有售）

做法：

黑胡椒和盐撒在牛排上，加橄榄油，用平底锅大火两面煎熟即可。

早餐牛排较薄稍微煎一下就可以。

细意面西蓝花

1. 意面入水煮8～10分钟（根据意面包装说明上的建议来煮即可），同时把西蓝花也一起煮熟。
2. 意面用叉子卷起摆盘，西蓝花伴碟，牛排铺在意面上，也可以据个人喜好淋一些黑胡椒汁加强口味。

搭配红茶

小贴士

1. 牛排可以选择油花比较均匀的，口感好。
2. 之所以叫早餐牛排只是因为体量较小，一般70 g左右，早餐吃不了太多肉，而且煎起来很快熟，适合早餐肉量少效率高的操作需求。
3. 煮意面时适当加些盐和黄油，意面更好吃。

早餐小趣味

因为厨师职业病，所以经常教育别人处理鱼的时候鱼鳞一定要绝对干净，不然影响口感，所以我家小朋友对鱼鳞也非常敏感。有一次早餐吃鱼的时候，因为有鱼鳞没有处理干净被女儿发现，当场投诉老爸不专业，我笑着说鱼鳞含有大量的钙和矿物质，吃一点没关系啦，她说那市场为什么没有人卖鱼鳞呢？以后我们去摆摊卖鱼鳞吧！卖鱼鳞……卖鱼鳞了……

31

2016-1-12
星　期　二

炸鱼柳（炸醋肉）配墨西哥饼皮，豆浆或薏米汁

炸醋肉配墨西哥饼皮

食材： 猪肉、 番茄、蒜泥、葱白碎、菠菜味墨西哥饼皮

调味： 橄榄油、盐、糖、陈醋、胡椒碎、地瓜粉、沙拉酱（或番茄沙司）

做法：

1. 腌醋肉：盐、陈醋、喼汁、糖、蒜泥、葱白碎、麻油、地瓜粉抓匀备用。
2. 热油炸猪排，炸到表面酥脆。
3. 番茄切片。
4. 墨西哥饼皮放入平底锅稍微热一下，放不放油都可以。
5. 煎热后的饼皮摊开，把炸醋肉、番茄放在中间，抹一点沙拉酱，饼皮卷起来吃。

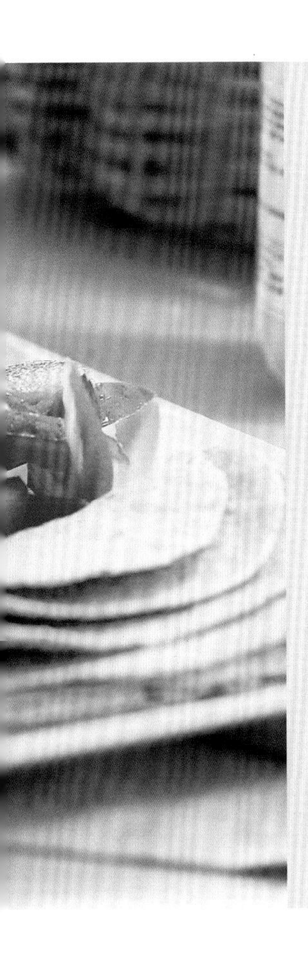

炸鱼柳配墨西哥饼皮

食材：墨西哥饼皮、鱼肉、青瓜、青葱、坚果仁、黑芝麻

调味：酱油、盐、香麻油、沙拉酱（或番茄沙司）、地瓜粉

做法：

1. 将鱼肉切成条，用厨房纸巾把水吸干。
2. 鱼条加盐、酱油入味（酱油会使鱼柳鲜味好，但太多炸出来的鱼柳会颜色太黑，所以用一半盐和一半酱油来入味最佳）。
3. 入味后加入香麻油、青葱碎、黑芝麻和地瓜粉，一起拌匀。
4. 热油将鱼柳炸熟，炸至酥脆。
5. 墨西哥饼皮放在平底锅稍微煎热（不用油也可以）。
6. 青瓜切丝，炸鱼柳和青瓜丝、坚果仁碎铺在饼皮上，淋沙拉酱一起卷起来吃。

小贴士

鱼肉要选择大一些的海鱼，没有细刺的比较安全且口感更好。

搭配豆浆或薏米汁

小贴士

1. 墨西哥饼皮堪称快手早餐好帮手，搭配咸的、甜的，煎的、烤的、微波炉加热都可以，单吃也很好吃，加热时也可以不用放油，很健康。
2. 如上同样的做法还适用炸牛肉、鸡肉、鱼柳等，还可以做简易烤Pizza的饼底。一个卷饼里，包含了肉、菜、面、酱，口感和营养一步到位。
3. 醋肉是非常闽南风味的家常吃法，还可以用生菜包卷起来吃也一样好味道。

32

2017-4-20
星 期 四

芝士焗番茄牛肉酱意面，芝麻黑豆浆

芝士焗番茄牛肉酱意面

食材：螺旋粉、番茄、洋葱、牛肉、马苏里拉芝士、芝士粉、香菜碎

调味：黑椒碎、番茄酱、盐

做法：

1. 煮酱汁：洋葱、番茄切碎用油炒一下，加番茄酱慢火熬煮。
2. 牛肉剁碎，热锅冷油煸香牛肉碎后加入番茄酱里熬煮，加盐和黑胡椒调味。
3. 螺旋粉煮熟后铺在平盘里（参照通心粉包装袋上的说明来煮即可），盖上番茄牛肉酱，撒上一层马苏里拉芝士碎，再加点香菜碎。
4. 220 ℃烤箱焗至表面金黄即可。
5. 可以撒一些芝士粉更有风味。

搭配芝麻黑豆浆

用豆浆机料理即可。

小贴士

这个番茄牛肉酱浓郁口感好，可以拌不同的面来吃，加盖芝士来焗会更有风味，不加也一样的美味。

33

2017-4-6
星 期 四

芝士焗煎饺，花生核桃饮

芝士焗煎饺

食材： 水饺皮、橄榄油、蔬菜（芹菜、胡萝卜、白菜、青葱，按个人喜好）、五花肉、马苏里拉芝士

调味： 盐、酱油、青葱粒、黑胡椒碎、沙拉酱或番茄沙司

做法：

1. 调馅：蔬菜按季节及个人喜好切碎后添加，五花肉剁碎，青葱粒、橄榄油加入一起来调，盐和酱油调味。
2. 包饺子。
3. 水饺吃多吃腻了，可以换换做法，把水饺煮熟捞起放一会，等表面水分挥发，放平底锅将水饺煎至表面金黄，加一点沙拉酱或番茄沙司之类的酱汁，最后铺上一层马苏里拉芝士，撒点葱花黑胡椒碎，烤箱220 ℃烤至芝士融化香气扑鼻即可。

搭配花生核桃饮

橄榄油妙用：

橄榄油的营养保健功能大家都熟知，怎么吃也有很多门道，理论上说的每天喝一汤匙对身体好，其实不然，试过的人都知道很难喝，热炒菜觉得浪费而且沸点低爆锅不易烹饪，凉拌菜也是一个选项。还有就是调水饺馅，特别是小孩挑食，平时不爱吃的（虾仁、肉、韭菜、香菇、麻油、蚝油、胡椒等）都包进去。食材多样，均衡营养。

沙拉酱妙用：

烤煎饺前放一点沙拉酱或番茄酱，再铺上芝士碎，避免煎饺表面太干，而且口味会有很大提升，小朋友很喜欢。

34

2013-10-28

星 期 一

葱花午餐肉煎蛋脯煮通心粉，胡萝卜炒包菜

葱花午餐肉煎蛋脯煮通心粉

食材：午餐肉、鸭蛋、青葱粒、油葱酥、通心粉

调味：盐

做法：

1. 通心粉先煮熟备用（煮的时间可以参照包装袋上的建议）。
2. 煎蛋脯：鸭蛋两个打蛋液，将午餐肉切丁，青葱粒一起放入蛋液搅拌均匀加盐调味，热锅冷油用平底锅慢火煎熟后用锅铲稍微分成几块。
3. 蛋脯和通心粉一起滚汤后用盐调味，加葱花。

胡萝卜炒包菜

胡萝卜和包菜切片，食用油炒熟后加些盐调味。

小贴士

煎蛋脯后滚汤，汤和蛋的味道都会很好，大家不妨试试看。

35

2015-3-12
星期四

葱油拌面配煎蛋，牛肉丸蔬菜汤

葱油拌面配煎蛋，牛肉丸蔬菜汤

食材： 青葱、红葱头、挂面、鸡蛋、牛肉丸、番茄、绿叶菜

调味： 盐、酱油

做法：

1. 先拿一个碗，将酱油、红葱头、青葱粒调配好。
2. 将烫熟的面放碗里拌匀，搭配煎蛋一起吃。
3. 牛肉丸（或鱼丸）汤：牛肉丸煮熟后放蔬菜和少许盐调味。

红葱头油酥制作：

1. 锅用小火，将猪肥膘肉切丁炸成金黄后将油渣过滤出来，猪油再来炸红葱头 。
2. 红葱头切丁后下油锅炸，炸到快金黄时捞起来过滤，等油温冷却后再把葱酥和猪油渣放进油里，封盖后冰箱保存，这样炸好的葱酥可以一直保持酥脆，在1～2周内食用。
3. 如果不吃猪油也可以用普通食用油来炸，方法一样。
4. 红葱头是闽南地区特有的一种红皮的葱头，和北方的小洋葱长得有点类似，但是香味差别很大。闽南地区很多菜肴和小吃都会用到红葱头油酥。

豆酱三层肉煮黄翅鱼

食材：三层肉、黄翅鱼、葱、姜、蒜

调味：豆酱

做法：

1. 黄翅鱼洗干净，三层肉切片。
2. 三层肉小火煎出油，再下姜、蒜一起煸香。
3. 放入黄翅鱼，加半杯开水后再加豆酱，改中火加盖煮至鱼熟汤汁差不多收干，加些葱段点缀。

红豆小米粥

食材：红豆、小米

做法：豆子和小米最好加一点大米口感会比较好，用高压锅压，前一天晚上先浸泡一下煮起来更方便，红豆配小米的颜色好看好吃，也有去湿的功效，闽南一带春夏之交比较湿润，很适合在这个时候吃。

腐竹拌青菜

食材：腐竹、青菜

调味：酱油或蚝油、橄榄油、葱油

做法：

1. 腐竹提早一晚上泡发后第二天早上就很软。
2. 和洗净的青菜一起过水灼熟。
3. 淋点酱油或蚝油、橄榄油和葱油。

小贴士

南北各地的豆酱发酵方式各不同，颜色也不同，用来搭配做鱼味道很好，用豆豉也很好。

37

2016-1-8
星期五

卤肉蛋拌面，核桃牛奶

卤肉蛋拌面

食材：腱子肉、鸡蛋、挂面、葱姜蒜、西蓝花

调味：胡椒粉、酱油、地瓜粉、日式照烧汁

做法：

1. 肉切片，用胡椒粉、酱油、地瓜粉抓匀后备用。
2. 不粘锅里下油炒香姜蒜，把肉片双面煎一下，下一些高汤或开水没过食材2/3后，照烧汁和熟鸡蛋一起放进锅内焖煮收汁，撒葱花点缀。如果汤汁不够浓稠可以用淀粉稍微勾芡。
3. 面煮熟后搭配卤肉蛋和西蓝花一起吃。

水煮蛋做法：

一锅冷水放一勺盐，鸡蛋清洗干净后放入冷水内开始煮，等水煮开后关火继续焖5分钟即可，这样煮的蛋蛋黄熟透而且软软的，很好吃。

小提示：常温的鸡蛋焖5分钟左右，冰箱拿出来的鸡蛋要多煮2分钟为宜，水里加盐让鸡蛋剥壳更容易。

搭配核桃牛奶

卤肉蛋这个菜还有个别名，叫“饭扫光”，精华在于汤汁很香稠，最适合拌饭下饭或捞面来吃，照烧汁有酱色，也有甜味，和肉一起烹煮特别合味。

早餐小趣味

今天期末考试，女儿要求煮面和鸡蛋，她说要吃一根面条和两个鸡蛋，她说这样是100分。

38

2015-9-16
星 期 三

肉羹花蛤煮米粉汤

肉羹花蛤煮米粉汤

食材：猪肉、新鲜花蛤、米粉、冬瓜、干葱酥、青葱粒

调味：盐、酱油、地瓜粉、胡椒粉

做法：

1. 猪肉切片，加一点酱油、胡椒粉和地瓜粉抓匀。
2. 锅内放水将冬瓜片煮熟，再放入肉羹花蛤和米粉一起煮熟。
3. 加盐调味，再加一些蔬菜增加颜色和营养，撒葱花或干葱酥增加风味。

小贴士

闽南人对抓粉的肉片叫肉羹，牛肉、鸡肉也可以这么做，煮汤炒菜都很好吃。

39

2017-3-2
星 期 四

肉骨茶汤面，菜梗木耳拌虫草花

肉骨茶汤面

食材：猪肋排、整头蒜、肉骨茶汤料包（超市有售）、青葱粒

调味：肉骨茶调料包

做法：

1. 肋排切段煮水，煮开后捞出来清洗干净。
2. 肋排和肉骨茶汤料包一起，加1～2个整头的蒜一起用高压锅压6～8分钟。
3. 面烫熟后搭配肉骨茶汤，装碗后撒葱花点缀。

菜梗木耳拌虫草花

做法：青菜梗、黑木耳和鲜虫草过水灼熟，加蒜末、醋、香油一起凉拌，口感很丰富。

小贴士

蒜一定要放整头下去煮，不用去皮但要清洗干净，吃的时候先把整头蒜取出来避免蒜经过久煮后会化开影响汤的口感。

40

2016-10-8
星 期 六

肉酱扒土豆球，白灼芥蓝，小米豆浆

肉酱扒土豆球

食材：猪肉、土豆球（超市有售）、古龙肉酱（罐头）、洋葱、蒜末、青葱粒

做法：

1. 煮肉酱：将洋葱粒、蒜和猪肉糜炒香，放古龙肉酱，加点开水煮开后收汁。
2. 土豆球用水煮熟捞起来备用。
3. 将肉酱淋在土豆球上，加点青葱粒点缀。

白灼芥蓝

芥蓝用开水灼熟，加酱油或蚝油、橄榄油调味。

搭配小米豆浆

小贴士

1. 土豆球（Potato Gnocchi）是西餐里常用的食材，在超市冷冻柜有卖，包装上有很清楚的烹饪方法介绍，我平时喜欢逛逛超市和进口食品商超，可以找到多种多样的食材，做出更多的搭配。
2. 自家调制的肉酱难免风味不足，用古龙肉酱来调配效果很好。

41

2014-11-26
星期三

肉末焖发菜豆腐，青菜，红糙米粥

肉末焖发菜豆腐

食材：猪肉碎、发菜豆腐、青菜、青葱粒、蒜末

调味：酱油、地瓜粉、糖

做法：

1. 发菜豆腐切块稍微煎香备用。
2. 猪肉碎加酱油和地瓜粉抓匀，热锅冷油炒香蒜和肉末，放入煎香的发菜豆腐后加点开水、酱油、糖一起煮开后收汁，最后放青葱粒点缀。

白灼青菜

红糙米粥

42

2017-4-14
星 期 五

咸橄榄排骨汤字母形意面，蔬菜沙拉

蔬菜沙拉

食材： 生菜

调味： 酱油、橄榄油、蜂蜜、意大利果醋、帕玛臣芝士碎

做法：

1. 生菜洗净后用手掰好盛放碗里。
2. 油醋汁：可参照前面菜单的调配方法。
3. 在蔬菜淋上油醋汁，也可以撒些帕玛臣芝士碎增加风味。

咸橄榄排骨汤字母形意面

食材： 咸橄榄罐头、排骨、字母形意面、青葱粒

做法：

1. 煮熟字母形意面备用（参照意面包装袋上的建议时间来煮）。
2. 排骨灼水后清洗干净。
3. 取5～6个咸橄榄，适量加一点点罐头里的汁（汁很咸，适量即可），加排骨、加水入高压锅压8分钟左右，盛汤出来加字母形意面，撒青葱粒点缀。

小贴士

1. 咸橄榄开胃消滞，不论小朋友还是家长吃了都不错，和肉一起煮汤，口味很好。
2. 意面是很好吃的东西，再加上是字母形，小朋友都会很喜欢，我小女儿就喜欢一边吃一边读。

43

2017-3-28
星期二

芝士牛肉碎焗薯泥，胡萝卜苹果汁

芝士牛肉碎焗薯泥

食材： 土豆、牛肉、芝士碎、洋葱、青葱

调味： 盐、黑胡椒碎、橄榄油、牛奶

做法：

1. 土豆蒸熟或水煮后去皮，压成泥后加盐、黑胡椒碎和一点牛奶搅拌。
2. 牛肉剁碎后加洋葱碎、青葱粒、盐、黑胡椒碎、橄榄油拌匀。
3. 土豆泥铺在烤碗里，再铺上牛肉碎，盖满撒上芝士碎后入烤箱220 ℃焗8分钟。

搭配胡萝卜苹果汁

1. 早餐的主食里除了米、面、粥、粉以外，土豆也是个不错的选择。
2. 土豆煮熟后放碗里用勺很容易压碎，不一定压成末，有一些颗粒感也好吃。

44

2017-3-1
星期三

茶油煎荠菜水饺，
草莓，燕麦牛奶

茶油煎荠菜水饺

食材：鲜荠菜、水饺皮、五花肉、青葱粒

调味：盐、酱油、茶油

做法：

1. 荠菜是一年当中开春的报春菜，江南一带的人尤其爱吃，富含维生素和纤维，是春季非常好的时令菜，剁碎后和五花肉拌馅儿，加上盐和酱油一起调味包饺子。
2. 水饺可以包好后放冰箱速冻，先用水煮熟后盛盘备用。
3. 热锅后放茶油，平底锅慢火煎香水饺。

搭配春天应季鲜果：草莓

燕麦牛奶

用小锅慢火滚约5分钟。

小贴士

荠菜带着春天的气息，早餐吃荠菜水饺，让小朋友和家人一起尝尝春天的味道。

45

2014-1-6
星 期 一

葱花猪肉馅煎饼，核桃小米露，山竹

葱花猪肉馅煎饼

食材： 猪肉、面粉、青葱粒、洋葱粒

调味： 盐、酱油、酵母、橄榄油、鸡蛋、牛奶

做法：

1. 调面糊：提前一晚取面粉加酵母和等量的水搅拌均匀，加盖放常温发酵，准备早餐时加入另外的面粉，加入盐和橄榄油、牛奶、鸡蛋，搅拌均匀待用。
2. 猪肉馅：猪肉剁碎，加青葱粒、洋葱粒、适量盐、酱油、橄榄油，拌匀备用。
3. 煎饼：用电饼铛煎饼不需要油，先铺一层饼糊，再铺一层肉馅，再盖上饼糊，盖上饼铛加热即可。

核桃小米

用豆浆机料理。

搭配鲜果：山竹

小贴士

电饼铛在中式家庭厨房相对比较少用，建议居家可以用，煎饼时间好把控，也不易烧焦。

46

2017-2-28

星 期 二

花生酱拌面，鸡蛋蔬菜沙拉，豆浆

花生酱拌面

食材：挂面、青葱粒

调味：花生酱、酱油、红葱头油

做法：

1. 先拿碗调拌面酱汁：酱油、花生酱、红葱头油、青葱粒放碗里调配好。
2. 将面烫熟放碗里拌匀就可以吃了。

鸡蛋蔬菜沙拉

食材：鸡蛋、蔬菜、黑橄榄罐头

调味：酱油、橄榄油、蜂蜜、意大利果醋、帕玛臣芝士碎、胡椒碎

做法：

1. 蔬菜洗净后用手掰好盛放碗里。
2. 油醋汁：可以参照前面菜单内调配方法。
3. 蔬菜淋上油醋汁，水煮鸡蛋后切几个等分摆上，点缀黑橄榄，可以撒帕玛臣芝士碎或芝士粉，胡椒碎增加风味。

搭配豆浆

小贴士

1. 花生酱有几种，如果比较稠的可以先用橄榄油搅拌开后再拌面。
2. 还可以配芝麻酱一起拌，营养和口感更佳 。

47

2017-3-6

星期一

煎巴浪鱼配陈皮白粥，清炒芦笋玉米笋

煎巴浪鱼

食材： 巴浪鱼

调味： 油、盐

做法：

1. 新鲜的巴浪鱼提早一晚用盐腌，放冰箱备用。
2. 热锅冷油小火慢煎至干香。

陈皮白粥

食材： 胚芽米、陈皮

做法： 胚芽米、陈皮、直接入高压锅压煮。

清炒芦笋玉米笋

小贴士

1. 陈皮有开胃消滞通气健胃的效果，入粥煮不会影响味道，给小朋友吃就希望他们胃口好，快高长大。
2. 巴浪鱼是闽南沿海的人家最熟悉的家常美味，营养丰富。

48

2017-4-13
星 期 四

金枪鱼泥鸡蛋配法包，蔬菜沙拉，五谷杂粮豆浆

金枪鱼泥鸡蛋配法包

食材： 油浸金枪鱼罐头、鸡蛋、法包、青葱粒、蒜末

调味： 盐、胡椒碎、黄油

做法：

1. 水煮蛋煮熟后对半切开，取出蛋黄，蛋白盛盘备用。
2. 金枪鱼先用汤匙搅碎，加入蛋黄、青葱粒、胡椒碎一起搅拌均匀备用。
3. 黄油室温解冻，将蒜末和黄油搅拌均匀后抹在法包上入烤箱，烤至表面酥脆。
4. 舀一勺金枪鱼泥放入取出蛋黄的蛋白里吃，或抹在法包上搭配一起吃。

蔬菜沙拉

可以参照前面菜单内的做法。

搭配五谷杂粮豆浆

小贴士

金枪鱼罐头使用方便又营养丰富，搅拌后的酱可以搭配很多种食材吃，比如配墨西哥饼皮，配吐司做三明治，做Pizza等等，都很好吃。

49
2017-3-29
星　期　三
虾头煮汤面，
虾仁生菜沙拉

虾头煮汤面

食材：红虾、面条、生菜、姜、芹菜、酸青瓜（罐头）

调味：沙拉酱

做法：

1. 红虾剥壳，虾仁和虾壳头尾分开用。
2. 虾仁用开水煮熟（锅里烧开水放入虾仁即可关火，浸熟虾仁捞出放冰水冷却）。
3. 虾壳头尾放热锅里用少油炒香，加开水大火熬浓汤，过滤掉虾壳。
4. 用虾汤来煮面，加点芹菜末即可。
5. 超市买的沙拉酱加入一些切碎的酸青瓜口味更丰富，用这样的沙拉酱来拌虾仁生菜沙拉。

虾仁生菜沙拉

小贴士

家里买虾通常直接煮了吃，虾壳虾头丢掉，有时间可以试一下，虾壳熬汤很鲜美，虾汤煮面、煮粥都很好吃。

香菇猪脚面

食材： 香菇、猪脚、姜、挂面、青葱粒

调味： 盐

做法：

1. 猪脚先洗干净，再煮熟煮透。
2. 将干香菇洗干净后泡发。
3. 香菇和猪脚一起用高压锅煮熟后放盐调味。
4. 挂面烫熟后，捞起来后沥干水放入猪脚汤里，撒上青葱粒。

西芹拌木耳

西芹、木耳开水灼熟后，加番茄片，撒上盐、糖、香油、蒜末拌匀。

小贴士

猪脚含有很丰富的胶原蛋白，用浓郁的汤来煮面味道最棒，处理的时候一定要滚水煮透，捞起来后用清水彻底浸泡，或用流动的水漂洗彻底，将膻味去除干净后炖汤或红烧更显美味。可以提前一天处理好放冰箱，第二天直接煲汤。

早餐小趣味

大女儿所在的小学是一所非常小但又非常精致有创意的学校，这里的美女校长非常有智慧和无比地爱每一个小朋友，因为小学马上毕业了，学校本着让毕业班有更好的竞争氛围，跟家长协商，准备在最后的两个月时间把毕业班的三个班的同学，根据学习情况划分成ABC三个班有针对上课。分班时刻开始了，第一科英语分班她就被安排到C班。

这个结果让她大出意外，晚上我回家时她刚好还没睡，跟我提了这事，无法理解英语老师为什么把她排在C班。我看到她的心情有点失落，第二天早餐时间，因为太太和小女儿还没起床，面对面的早餐时间沟通效率总是很高，我提前准备好大概要安慰她的心理，开始用温和的语气问她昨天分班的事情是不是让你很失落。果然，女儿稍作考虑说："爸爸，当我被分到C班时，我差点要哭出来了，但是后来我冷静，还自我安慰分到这个班我自己立马成学霸了。老师说只要我下次考试成绩好就可以升到B班。"这是我第一次感受到女儿长大了，可以自己面对压力和控制情绪，所以我跟朋友分享，学习成绩我不要求了，只要小孩身体健康，身心健康就够了。

51

2016-12-13
星期二

紫菜虾仁炒鸡蛋配煎饼，橙汁

煎饼

食材：面粉、橄榄油、牛奶、芝麻

调味：盐

做法：

1. 调面糊：面粉加酵母加等量的水搅拌均匀，提前一晚加盖常温发酵，第二天早上加入面粉搅拌，加牛奶、鸡蛋、橄榄油、盐搅拌均匀。
2. 锅内放点油，放一勺面糊两面煎香后切块。

紫菜虾仁炒鸡蛋

食材：头水紫菜、青葱粒、鲜虾仁、鸡蛋

调味：盐、胡椒粉、芝麻

做法：

1. 头水紫菜洗干净，鲜虾仁洗干净去虾线备用。
2. 鸡蛋打蛋液后加一点水和盐、胡椒粉，加入鲜虾仁、紫菜和青葱粒拌匀，下锅炒香。

搭配鲜榨橙汁

小贴士

头水紫菜是收割的第一水也就是第一次的紫菜，细腻嫩滑，收割完以后紫菜苗放回紫菜田里还可以收第二水、第三水，口味就稍微不如头水咯。

52

2014-6-26

星期四

竹荪鸡汤小管通心粉，虾皮拌青瓜丝

竹荪鸡汤小管通心粉

食材：竹荪、竹虫鸡、小管通心粉、虾皮、青瓜、蒜蓉

调味：橄榄油、果醋、蜂蜜、酱油、盐

做法：

1. 小管通心粉先煮熟备用（煮法可以参照外包装的建议）。
2. 鸡肉用水煮过后清洗干净。
3. 加竹荪一起滚汤，鸡肉如果很嫩不一定用高压锅来压，直接滚十几分钟口感正好。
4. 将煮好的通心粉加到汤里一起吃。

虾皮拌青瓜丝

食材：青瓜丝、虾皮、蒜蓉

调味：橄榄油、果醋、蜂蜜、酱油、食用油

做法：

1. 如果是咸的虾皮要用水洗干净（淡干的虾皮不需要），用锅煸干，或用油炒至金黄喷香。
2. 青瓜切丝后撒盐挤去水分铺在盘上。
3. 撒上炸好的虾皮。
4. 青瓜丝除了用盐调味，还可以用油醋汁调味也好吃，油醋汁调配可以参照前面菜单的做法。

小贴士

1. 青瓜清爽，虾皮补钙，拌进青瓜丝里既增加口感又富含营养。
2. 一样的食材用不同的调味就呈现不同的菜色，早餐又多了一个花样。

53

2014-3-26

星期三

番茄排骨汤面，阳桃

番茄排骨汤面

食材：番茄、洋葱、香葱、排骨、挂面

调味：盐、胡椒碎

做法：

1. 锅里下点油，把番茄、洋葱切丁一起炒软炒透，加上洗净的排骨一起炒香，加开水入高压锅压熟。
2. 挂面入水煮熟，捞起来后加进排骨汤里，放一点盐调味，撒青葱粒点缀，可以按个人喜欢加点胡椒碎。

搭配鲜果：阳桃

小贴士

1. 洋葱和番茄要炒透炒软。
2. 排骨和洋葱、番茄一起煲，蔬菜煮烂后的汤特别浓厚香甜。

2017-6-14

星 期 二

牛肉糜香菇滑蛋粥，莲雾

牛肉糜香菇滑蛋粥

食材： 牛肉、鲜香菇、蔬菜、鸡蛋、姜丝、葱

调味： 盐、酱油、胡椒粉、香油、地瓜粉

做法：

1. 牛肉加酱油、胡椒粉、香油、地瓜粉、姜、葱，入料理机打成肉糜。
2. 胚芽米加小米煮粥。
3. 锅内滚粥，放入香菇丁，用筷子或小勺拨肉糜小条状入锅内，最后放入蔬菜丝滚熟后关火。
4. 打一个鸡蛋直接加入粥里，轻轻搅拌开，口感特别滑嫩，撒青葱粒点缀，可以按个人喜好加胡椒粉调味。

搭配鲜果：莲雾

小贴士

1. 食物要多样化，一碗粥里面有双米、牛肉、蔬菜、菌类、鸡蛋，保证营养丰富。
2. 同样的做法还可以做鱼肉糜、猪肉糜，一碗粥里面，颜色非常丰富。

55

2016-6-14

星 期 二

山药瘦肉海参粥，荷兰豆炒蛋

山药瘦肉海参粥

食材：山药、瘦肉、海参、胚芽米、青葱粒、姜丝

调味：盐、酱油、香油或香葱油

做法：

1. 胚芽米煮粥。
2. 山药用搓丝板搓丝方便又快捷，海参切块，瘦肉切片用酱油和地瓜粉稍微抓一下备用。
3. 粥放锅里煮开，先放山药丝，再放姜丝一起滚热，再放肉片和海参一起煮，放盐和香油或葱油调味，撒一些葱粒点缀。

荷兰豆炒蛋

食材：荷兰豆、鸡蛋

做法：

1. 鸡蛋打蛋液，加点盐充分搅拌均匀，下锅煎炒后装盘备用。
2. 荷兰豆切丝后炒熟，再把炒好的鸡蛋放在一起炒匀起锅就可以吃了。

小贴士

山药健脾补肺，瘦肉富含蛋白质和氨基酸，一起煮粥，开启能量的早晨。

56

2017-3-24
星 期 五

土豆丝虾仁干煎饼，蔬菜沙拉，花生牛奶

搭配蔬菜沙拉

蔬菜沙拉的做法可以参照前面菜单。

花生牛奶

用豆浆机料理。

土豆丝虾仁干煎饼

食材：土豆、虾仁干、面粉、鸡蛋、青葱粒

调味：盐、胡椒碎、橄榄油

做法：

1. 土豆用刨刀刨丝，虾仁干清洗干净剁碎后备用。
2. 调面糊：面粉里加上土豆丝、虾仁干碎、盐、橄榄油、胡椒碎、青葱粒，一起搅拌均匀后备用。
3. 平底锅烧热后下点油，将土豆丝面糊平铺锅里小火慢煎，煎至底部金黄香脆翻面继续煎。
4. 切对角块盛盘吃。

小贴士

土豆刨丝后淀粉会更多，时间允许的话可以冲洗一遍再煎出来的饼会比较脆，口感也好，不洗也可以，淀粉也是营养物质。

57

2014-4-30

星期三

咸橄榄蒸肉饼，小米粥，炒包菜胡萝卜

咸橄榄蒸肉饼

食材：咸橄榄罐头、猪肉、鸡蛋、青葱

调味：橄榄油、地瓜粉或生粉、酱油

做法：

1. 咸橄榄和猪肉一起剁碎，放一点地瓜粉，加橄榄油一起抓匀，铺平盘上锅蒸3～4分钟。
2. 出锅后撒青葱粒点缀，喜欢口味重的可适量滴一点酱油。

小米粥

炒包菜胡萝卜

锅内放猪油，把包菜和胡萝卜充分地炒香炒软，可以适当加一点开水，最后放盐调味。

小贴士

1. 咸橄榄开胃消滞，和肉搭配非常适宜，在闽南也是配粥的好搭档，吃粥的时候还可以浇一勺肉汁，很可口 。
2. 包菜和白菜虽然不是绿叶菜，但都属于膳食纤维非常丰富的蔬菜，是加强人体每日新陈代谢需求的好东西，口感又爽甜，清炒特别好吃。
3. 原料食材对烹饪的结果是很重要的，小米可选产自山西的、东北的，米浆浓厚，稍微滚一下浓稠感就很好，也可以和糙米、白米搭配做早餐的双米粥。

炸鱼柳生菜三明治

食材：鱼肉、西生菜、吐司片

调味：盐、酱油、胡椒碎、地瓜粉、橄榄油、芝麻、沙拉酱

做法：

1. 鱼肉切条后用盐、酱油、胡椒碎、地瓜粉、橄榄油、芝麻一起抓匀后入油锅慢火炸熟。
2. 西生菜洗干净备用。
3. 吐司片烤热后铺平，放一层鱼柳盖一片吐司，再铺一层生菜，再盖一片吐司，可以在鱼柳和生菜上按个人口味涂上番茄酱或沙拉酱，对角切成四块即可。

搭配核桃牛奶

用豆浆机料理即可，牛奶在豆浆机中很易沸，怕烧焦可以一半牛奶一半水。

小贴士

同样的做法，鱼柳可以换成猪肉、牛肉、鸡胸肉等等，食物多样化，营养多样化。

鱼柳可以在超市里买现成的，也可以选用鱼肉丰厚的无鱼刺的鱼来剔肉片，比较适合小朋友吃，无鱼刺更安全口感也好。

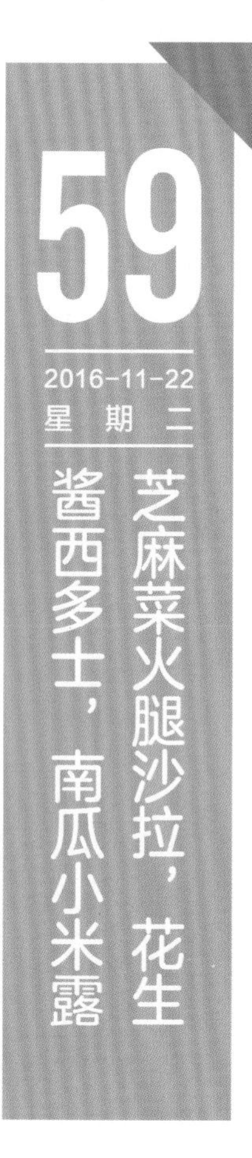

59

2016-11-22
星 期 二

芝麻菜火腿沙拉，花生酱西多士，南瓜小米露

花生酱西多士

食材： 花生酱、吐司片、鸡蛋

做法：

1. 鸡蛋打均匀蛋液备用。
2. 在一片吐司片上涂抹均匀的花生酱后，盖上另一片吐司，轻轻沾上鸡蛋液，放入饼铛煎至金黄喷香。

搭配南瓜小米露

用豆浆机料理。

芝麻菜火腿沙拉

食材：芝麻菜、熟食火腿

调味：橄榄油、果醋、酱油、蜂蜜、蒜蓉、帕玛臣芝士、黑胡椒碎

做法：

1. 火腿切成均匀块状后，用平底锅慢火煎到表面焦香，装盘和芝麻菜的嫩叶轻轻拌在一起。
2. 调油醋汁：请参考前面菜单中的做法。装盘后均匀撒一些帕玛臣芝士碎或芝士粉、黑胡椒碎增加风味。

小贴士

1. 家里可以备一台蔬菜甩干机（进口商超或宜家代购都有），洗干净的新鲜蔬菜甩干后水分少，淋上酱汁才不会出水，冲淡口味。
2. 芝麻菜清新爽口，苦中带甘，有种特殊的香气，富含纤维和营养成分，选嫩叶的部分口感很好，汁水丰富，配上油醋汁很搭。
3. 西多士涂抹的酱可以选花生酱、芝士片、腐乳，各有各的风味。

60

2017-5-18
星期四

豆豉肉末煮石斑鱼拌面，蓝莓酸奶

蓝莓酸奶

食材： 原味酸奶一盒（200 g）、纯牛奶（1000 g）

调味： 蜂蜜、蓝莓

做法：

1. 将原味酸奶加纯牛奶搅拌均匀，放在45 ℃左右的环境发酵4小时（家用烤箱就有这个功能可以使用）。
2. 放入冰箱保鲜保存，吃的时候加入水果和蜂蜜是很好的选择。
3. 蓝莓对半切开，加入酸奶即可，营养又美味。

豆豉肉末煮石斑鱼拌面

食材： 黑豆豉罐头（带汁）、瘦肉、石斑鱼、挂面、葱姜蒜

做法：

1. 石斑鱼洗净后切块，用厨房用纸吸干备用，瘦肉剁碎备用。
2. 慢火爆香葱姜蒜末后，加入肉末一起炒香。
3. 放入鱼块烹煮，加半杯开水再煮一会后加入豆豉和酱汁，煮4~5分钟收汁。
4. 将豆豉煮石斑鱼浇在烫熟的面上，拌匀就可以吃了。

小贴士

1. 鱼肉尽量选海鱼，肉多刺少的鱼在拌面时才方便吃。
2. 豆豉肉末是非常家常也很广泛的做法，里面的肉末也可以用三层肉替代，拌面、配稀饭、配米饭都是好配菜，甘香下饭。

小贴士

1. 蜂蜜的最佳组合就是酸奶，两者搭配不仅风味绝佳，最重要的是蜂蜜中所含的葡萄糖酸（gluconic acid），是唯一能够抵达大肠的有机酸，并可同时增加大肠内的比菲德氏菌（bifidobacterium bifidum），功效良多，食用蜂蜜酸奶可帮助整场、减少肠内坏菌，不但有助于改善便秘，还能促进钙的吸收。
2. 加上水果更得小朋友的喜欢，也增加早餐的丰富性，食材更多样。
3. 家庭制作酸奶成本低操作简易，但要注意的是酸奶容器的清洁消毒。

61

2017-5-12
星期五

番茄沙沙，烤馕饼，小米绿豆沙

番茄沙沙

食材：番茄、洋葱、香菜叶、黑橄榄

调味：盐、黑胡椒、橄榄油、果醋

做法：番茄、洋葱切丁，加盐、黑胡椒、橄榄油、果醋拌匀备用。

烤馕饼

食材：高筋面粉500 g、酸奶、酵母7.5 g、糖10 g、盐2.5 g、水250 g

做法：

1. 糖和酵母加水溶解，加入酸奶搅拌均匀。
2. 加入面粉、盐，慢慢搅拌至光滑软熟。
3. 擀面杖擀开，切块，用牙签戳孔。
4. 把饼放进烤箱温度40 ℃，烤约1小时。
5. 烤箱预热到面火230 ℃，底火200 ℃温度之后饼皮喷水，烤至金黄色。

搭配小米绿豆沙

用豆浆机料理。

番茄沙沙很百搭，可以搭配很多东西来吃，如烤法包、薯片、苏打饼等，单吃也好吃。

62

2013-12-12
星 期 四

瘦肉虾仁面疙瘩

瘦肉虾仁面疙瘩

食材：猪肉、鲜虾仁、面粉、青菜、姜丝

调味：盐、胡椒碎

做法：

1. 鲜虾剥壳，去虾线后备用。
2. 猪肉切片，用酱油、地瓜粉抓匀。
3. 调面糊：面粉加盐、鸡蛋，加点水调匀，调水的比例以汤匙舀起面糊可以断续滴落为宜。
4. 锅内放水煮开，用小勺舀面疙瘩下锅滚熟。
5. 放肉片和虾仁、姜丝一起滚汤，最后下青菜碎点缀，用盐和胡椒碎调味。

小贴士

厦门海边城市有新鲜的虾，方便买鲜虾来剥虾仁，也可以在超市买冻的虾仁。

63

2015-12-25

星 期 五

黄翅鱼煮面线

黄翅鱼煮面线

食材： 黄翅鱼、手工面线、葱、姜、番茄

调味： 盐、胡椒粉

做法：

1. 葱、姜丝炒香，将黄翅鱼下锅煎香。
2. 加开水，将汤滚白后放切块的番茄一起煮透煮烂。
3. 面线先在开水里捞一下，再放到鱼汤里一起吃，适当加一些盐和胡椒粉调味。

小贴士

面线是闽南地区特有的面类，制作过程中会加入盐以起到保鲜的作用，煮面线汤时记得煮好后试过汤再调味，不要提前下盐，否则汤很容易过咸。

早餐小趣味

学校离家不远，女儿从四年级开始就一直自己独立去上学了，基本上不用接送，感觉轻松了许多。最近，眼看过两三周就要小学毕业了，所以陪女儿吃完早餐只要工作时间不赶就送她上学，我想小孩越来越大了，初中以后可能你要送她也不需要了。

64

2017-6-4
星 期 日

干蒸鸡，鸡汁拌面，草莓酸奶

干蒸鸡，鸡汁拌面

食材：鸡肉、挂面、姜、葱花

调味：盐

做法：

1. 土鸡切块清洗干净滤干，加盐拌匀（盐的分量要比平时做菜的咸度多3倍左右）。
2. 干蒸鸡两种方式：①高压锅底放姜片，然后将鸡肉块摆入后加盖中火煮，高压锅上汽后5分钟左右就熟了。②电饭煲锅底放姜片，摆入鸡块，开启煮饭功能，煮开冒蒸汽18分钟左右就熟了，同样做法用蒸锅完成也行。
3. 干蒸鸡不用放水，如果喜欢酒香可加一点料酒。干蒸鸡锅底的汤汁会比较咸，非常鲜，拿来拌面、拌饭都非常好吃又有营养。

草莓酸奶

新鲜熟透的草莓搭配酸奶，好吃好看有营养。

小贴士

土鸡的选择：土鸡的品种和养殖时间直接影响肉质，干蒸鸡因为要吃鸡肉所以不要选择太老的鸡，通常养殖5~6个月的土鸡适合干蒸、白切或红焖。如果要炖汤就要选老鸡。

65

2018-4-10

星　期　二

银鳕鱼汉堡，豆浆

银鳕鱼汉堡

食材：银鳕鱼、汉堡包（胚）、西生菜

辅料：俄式酸黄瓜、蒜泥、葱花、黑芝麻

调味：黄油、沙拉酱、盐、胡椒粉、地瓜粉

做法：

1. 银鳕鱼去掉骨头切块，洗干净后用厨房纸巾擦干。
2. 加盐和胡椒粉入味，然后加入蒜泥和葱花，再加入地瓜粉和芝麻拌匀，地瓜粉如果太干过不上银鳕鱼就适当加一点进去拌。
3. 热油炸熟银鳕鱼。
4. 汉堡胚涂上黄油烤至表面微黄酥脆。
5. 俄式酸黄瓜切碎加沙拉酱拌匀，与西生菜和银鳕鱼做成汉堡。

小贴士

超市银鳕鱼价格比较高，有时会有其他品种的鳕鱼混杂其中，品质不同价格差别很大，如果没有把握买到的是好品质的银鳕鱼，可以用鲈鱼或龙利鱼。

豆浆

附录：“早餐爸爸”报道一

“早餐爸爸”张淙明和他的营养早餐

大约十年前，张淙明的大女儿两岁，要开始去上幼儿园，直到第二个女儿也长到同样的年龄，张淙明才意识到，孩子和孩子之间真是不同。小女儿每天眼睛一睁开，就开始兴奋，急着赶去幼儿园。可他的大女儿就完全是另一幅场景。一提上幼儿园，又哭又闹，不肯去。张淙明疼在心里，作为厨师，他心想，那就趁女儿还没出门，情绪还好，给她好好吃一顿早餐，“最简单的想法是，也要有点力气在幼儿园哭嘛”。

这一做就是好几年。2011年，微博开始流行，张淙明有时候一看这天早上早餐做得挺好看，就拍下来发到微博上。浏览和评论的人都挺多。有一天跟朋友聊起来这几年给女儿做早餐的心得，想说，要不然试试看一学期做下来不重样？

张淙明重新整理微博，干脆改名叫“爸爸做早餐”，开始不间断地把早餐发到微博，就当是日常记录。从2013年9月开始，一发就是800多条，“重复的不多，每餐完全一致的可以说没有”。当然，800多天早餐，不可能全是闽南风味。实际上小朋友吃东西，只看形状，造型奇特的三明治啊，这些东西她还能多吃几口。

厦门人爱喝粥，因为怕上火，又总把“上火”二字挂嘴边。

“吃点花生米？”

“不行不行不行，这两天上火。”

“吃块肉？”

“不行不行不行，这两天上火。”

一天总得说上好几回。所以有些厦门人一日三餐都吃粥是常态，既清淡又补水。“你看有些地方爱吃鸡，甚至有很多用鸡命名的饭馆，厦门就没有。因为鸡上火，而鸭子性阴，就更讨厦门人喜欢。”鸭肉粥、鸭血以及鸭胗，是我在厦门这几天里频繁遇见的配料，在沙茶面和面线糊的摊子上都少不了。

张淙明给大女儿做过不少粥，“最厦门”的粥当然是地瓜粥。

地瓜在闽南地区有多普遍呢？张淙明调侃自己讲普通话都是“一口地瓜味”。在大米不像今天多产的年代，煮粥和煮饭，都会加入大量地瓜。许多人所谓“吃伤了”，大都拜儿时某种“贫乏”所赐。有些人因为儿时强烈地想吃而不得，长大后报复性吃，吃伤了；还有些则是因为小时候吃过度，对张淙明来说，地瓜就属于后者。

厦门的地瓜在沿海沙地种植，温差大，水分多，所以极甜。地瓜如果搁在饭里，等饭煮熟了，看上去还是一整块，筷子一碰，就化掉了。“我当然是知道地瓜的营养，但到现在还是有点不想碰”。显然，张淙明还是没从儿时记忆里缓过来，不过这不妨碍他做地瓜粥给女儿吃。为均衡营养，张淙明会在大米之外，再加一种米，大多数时候就是小米。地瓜双米粥就此得名。

喝粥，当然得有配菜。闽南人会说“配什么咸”，听上去像是词语活用，将原本是形容词或动词的“咸”，活用成名词。闽南话里有个字儿叫“giam”，直接翻译过来就是“咸”，说的就是咸菜的意思。厨师张淙明给女儿做粥，搭配的“咸”那就多了。

其中老萝卜干蒸瘦肉古意十足，也最有闽南风味。

这种老萝卜干是张淙明小时候吃过的东西，年纪越大，对这种古早味愈加珍视。有一回，他在他妻子的嫂嫂所在的村里见着了一坛超过50年的陈年老萝卜干。我问张淙明，封存50年的萝卜干，打开坛子那得是什么味道？张淙明陷入回忆，“你不会拒绝这种自然发酵的味道，很舒服”。

“怎么样的舒服？”

“就是……舒服。”

张淙明反复说“舒服”，我和摄影师愈发好奇了起来。

好在，张淙明两年前收回来的这一坛，还余下不少，就存在他开办的黑明餐厅库房里。他去取了两片，放在盘子上端到我们眼前：墨黑色，在白色盘子冲撞之下显得极醒目。我闭上眼睛凑上去闻它们，嗅觉记忆库立刻告诉我的是，这像梅干菜！不是做成梅干菜扣肉时的梅干菜，而是，晒干了的、封存起来的梅干菜味儿。摄影师是天津人，他联想的味道则是老蜜饯。这种温润却又说不清楚的嗅觉让我忍不住一再拿起来放到鼻尖处，上了瘾。

闽南人晒制萝卜干一般是冬天，把本地产的白萝卜先暴晒，水分蒸发过一轮，再用盐搓，是为二次去水。保险起见，这两个步骤还得再来一回。最后再入坛封存。坛子里日渐凝结出干硬的盐渍。我再闻，发现老萝卜干润润的，似乎还带有甜味儿，风格显著。“时间封存的食材，当真没法用价格衡量。”张淙明说。

一开始当爸爸，就成了终身职务。自从二女儿也开始上幼儿园，两个孩子上学时间不同，张淙明就开始了做两顿早餐的时光；6点起床，做完两顿早餐，然后再到他的黑明餐厅，应对更多的就餐人群。旁人看着劳累，于他，只是甜蜜的负担。

（《三联生活周刊》2018年31期）

附录：“早餐爸爸”报道二

厦门早餐爸爸为女儿做花样早餐 熟知一二十万种食材

“如果我不在餐厅，那一定是去菜市场了。”这是张淙明的标签，同时也是他生活的写照。事实上，张淙明的成名源于“早餐爸爸”，他每天给女儿做的不重复的早餐让人艳羡不已。如今，张淙明拥有了自己的餐厅，但无论如何，他都不会改变自己的本色：厨师。

张淙明在展示他做好的菜

“早餐爸爸”意在陪伴

当每个人都在犯愁每天早餐吃什么、要为小孩准备什么早餐时，张淙明给出了自己的答案：每天为女儿做不一样的早餐，其中不乏芝士肉酱卷饼、茶油肉末蒸蛋、燕麦杂豆饮、枸杞红枣鸭肉粥、葱花炒蛋、灼包菜胡萝卜香菇、金枪鱼三明治等让人垂涎三尺的精致菜品。

“让孩子爱上早餐，其实很简单。”张淙明说。他每天的早餐都在30分钟内就搞定，不会太复杂。他建议家长，食物的分量不用多，但尽量多样化，确保有青菜、蛋白质和主食。

张淙明的坚持和无穷的创新引来无数人的惊叹，他也因此被称为“早餐爸爸”。“对我来说，做这样的早餐就是家常而已，也没有别人说的那么伟大。”在张淙明看来，平常因为工作较忙，通过早餐可以每天陪伴家人，这会让他每一天的日子更加充实。随着女儿慢慢长大，很多人担心张淙明的早餐不会持续下去。现在，张淙明迎来了第二个小孩，他将一如既往为家人带来爱的早餐。

熟知一二十万种食材

“早餐爸爸”张淙明能够不重复地做每一顿早餐，源于他20多年的厨师生涯。20世纪90年代，农村人进城热潮兴起，出生于农村的张淙明抱着对美好生活的向往来到了厦门。他误打误撞地进入了厨师行业，随着辗转厦门、无锡、上海、香港等地，担任过很多知名餐饮品牌的厨师，丰富的从业经历加上踏实肯干的态度让张淙明在行业里越来越资深，而他的技艺也是越来越精湛。

一般人可能也就熟知一两百种食材，但张淙明却认识一二十万种食材，每种食材在他手里又可以有上百种做法。正因如此，张淙明才可以做出各种花样的早餐。

除了要认识丰富的食材，如何采购也是厨师的一门必修课，而这对于普通家庭来说也是必不可少的技能。“以前，大家买菜最关心的可能是会不会短斤缺两，但随着市场越来越规范，短斤缺两的情况已经不太会出现了，现在大家最关心的是质量和新鲜与否。”张淙明告诉记者，超市里很多食材经过多重筛选，品质比较有保证，一般人都会选择在超市里采购。不过，张淙明认为，只有菜市场才能体现每一个地方的生活习性和饮食文化。“菜市场里大有乾坤，买鱼要看光不光泽、有没有弹性……”说起买菜，张淙明就会停不下来，这大概就是他的职业本能。

企业再大只愿当厨师

现在，张淙明拥有了自己的餐厅：黑明餐厅，这是一家主要做新派闽南菜的餐厅，但是，这并不意味着他的角色会发生转变。张淙明告诉记者，现在他在餐厅主要负责的还是厨房，餐厅里的每一道菜都是他开发出来的。至于管理方面，张淙明虽然有所涉及，但主要还是一些大方向的建议，其他则交给职业经理人去管理。

对于很多人来说，厨师这一行十分辛苦，但张淙明却把厨师当成自己的职业梦想。“即使以后公司发展再好，我也只会从事厨师行业，我一辈子都会当厨师，不会转型。”张淙明坚定地告诉记者。

（《晨报》记者那月）

附录：“早餐爸爸”报道三

厦门薄饼将亮相纽约

本报讯（记者 杨露）：厦门知名大厨张淙明受美国大厨之邀，将去纽约演示厦门传统美食薄饼的制作技艺。这是日前在菲律宾第二届“world street food congress ”美食分享会上，来自美国的名厨向厦门大厨发出的邀请。这意味着厦门特色美食——薄饼在国际舞台上更进了一步。

厦门薄饼将代表中国美食应邀亮相纽约。对此，张淙明说：“会将厦门传统的薄饼口味充分展现，用猪油煸香五花肉丝、豆干丝，而后将三层肉、虾仁、海蛎等在高温中翻炒。再将新鲜的包菜、笋丝、胡萝卜、高丽菜切丝入锅，炒熟后，用陶汤锅加入大骨汤慢火炖煮。起锅前再加入荷兰豆煮熟，放上些许蒜白丝、大地鱼干、干葱酥，各方滋味融合，山海荤素都在一锅间。再搭配加力鱼、海苔、蛋丝、肉松、米粉松、芫荽、蒜珠、贡糖这8种佐料，这便是厦门薄饼的特色。”他说，还将带着自己研发的“薄饼盒”前往纽约，让薄饼吃起来更加具有仪式感。

据悉，“world street food congress ”原来是新加坡每年举办的美食活动，以搜罗各个国家的街头美食为主进行分享。成功举办两届之后，受到马尼拉政府邀请，“world street food congress ”将举办场地设在马尼拉，此次分享会已是第二届。现场，全球各地历史悠久、个性化的餐厅，美食记者、美食嘉宾都受邀请参与其中。十几场演讲下来，来自黑明餐厅的厦门薄饼受到现场各国观众、媒体记者和美食嘉宾最为热烈的追捧，许多观众起身前往舞台前，排队品尝薄饼。美国名厨安东尼·波登就是在此时邀请张大厨的。

张淙明说，最早找到他的是新加坡的活动主办方，新加坡当地的记者也是看到蔡澜先生的推荐而来厦门找他的。厦门薄饼在此次活动这么受欢迎，还受到美国大厨的邀请，他感到十分惊喜，同时他也希望借此机会让厦门薄饼以及厦门美食在国际的舞台上走得更远。

（《厦门日报》2017-06-06）

附录：“早餐爸爸”报道四

厦门薄饼亮相法国美食节

本报讯（文/记者 林晓云 图/黑明提供）：近日刚刚开幕的法国第二届埃兹美食节，邀请的唯一一名外国主厨，是来自中国厦门的张淙明。他就是厦门美食界的知名大厨“黑明”，而他带给法国人的中国美食是厦门薄饼。

法国当地时间12日开幕的埃兹美食节，是当地赫赫有名的美食盛事。此次美食节邀请了49名法国名厨现场制作各种食物，其中包括多次获奖的法餐Mof大师、博古斯世界烹饪大赛金奖冠军获得者Michel Roth。“黑明”作为现场唯一一名外国厨师，送上的厦门薄饼让法国人大赞“美味”“特别”。这道美食，也让他们对厦门有了好印象。

“黑明”的厦门薄饼，也是厦门黑明餐厅的招牌菜。此次作为闽菜代表，首次登上法国美食节，配料中的厦门甜辣酱、海苔和贡糖等，都是空运到法国的。其他配料是“黑明”在埃兹当地菜市场采购的，“埃兹的蚝个头比厦门的大一点，味道不错，虾也非常好。埃兹是尼斯和摩纳哥之间的海滨小镇，海产丰富。”“黑明”说。他还买到了包菜、胡萝卜、芫荽等，唯一让他遗憾的是跑了好几个市场都没买到笋和豆腐。

“厦门薄饼受到法国人的肯定和喜爱，我很自豪。”“黑明”说，薄饼已经有400年历史了，作为厦门本地的特色传统美食，曾招待过许多国家政要及各界名人。他把这道美食带到法国，相信会有很多法国人因此而认识并喜欢上一座城市——厦门。

延伸阅读

薄而柔软的“卷饼”，最让法国人好奇

厦门薄饼亮相法国美食节，源于一名法国厨师的推荐。

“黑明”说，两三个月前，一名做马卡龙糕点的法国主厨到餐厅来，吃了他做的薄饼后非常喜欢，说：“法国人应该会很喜欢薄饼，你可以借美食节的机会分享给我们法国的同行和喜欢美食的人。”

没过多久，法国埃兹美食节官方向“黑明”发出邀约，请他作为本届美食节第一位出场亮相的大厨，为大家做薄饼。当天，“黑明”做了40人分量的薄饼，先花了一个半小时现场做薄饼皮，猪油渣是买了肉来做的，配料鱼松也是买当地的鱼炒制的。

“尼斯海边的鱼和厦门能买到的鱼很接近，配方的口味没有太大改变，基本能呈现厦门味道。”他说。现场卷好的厦门薄饼大受欢迎，很多人对饼皮充满好奇，想知道用了什么配方让“卷饼”如此薄而柔软。

法国婆婆爱上薄饼，问成都媳妇会不会做

到美食节品尝厦门薄饼的，有一名嫁到法国的成都女士。她的法国婆婆吃了薄饼后立即爱上了，回头就问媳妇:“你会不会做？”

“黑明”说，这次特地带去的薄饼，是代表对中国传统文化的尊重与弘扬。他是闽南人，擅长烹饪闽南菜肴，他在传承传统的基础上，又融入了中外烹饪众长和西式精致摆盘。

XIAMEN EVENING NEWS
厦门晚报
第8824期 今日24版
2018.10 16 星期二 新闻热线 5589999

厦门晚报
2017-2018
中国传媒经营价值百强榜
厦门晚报荣膺
全国晚报十强

把激昂的青春梦融入伟大的中国梦
第四届中国“互联网+”大学生创新创业大赛昨在厦闭幕 孙春兰出席
>A3版

双轮闪耀
厦门母港
歌诗达邮轮大西洋号、钻石公主号本周六同靠厦门国际邮轮母港
>A13版

厦门薄饼亮相法国美食节
在埃兹美食节上，闽南主厨做的薄饼让法国人大赞“美味”
>A5版

今日看点
湖里为十对老人办金婚纪念活动
>A9版
昔日荒岛白鹭洲变成城市会客厅
>A6版

“白鹭信用分”高 借书骑车免押金
老用户满足免押金办理条件的，可到相关网点退还押金
>A2版

“黑明”说，厦门人做的薄饼不仅是搭配完美的健康食物，有肉有海鲜还有蔬菜，包薄饼的过程很有家庭感。厦门人自家做薄饼，备菜、切菜总是很热闹，家庭成员一起动手其乐融融。在法国美食节上，当记者和主持人问“黑明”，做薄饼最难、最重要的是什么？他的回答是:用心！

他说，做薄饼贵在坚持，比如最重要的馅料，要选新鲜的。在厦门，他选的虾是狗虾，包菜也尽量选本地的，比如同安的。这样，厦门薄饼才能呈现地道的厦门味。胡萝卜、笋等也是当季最新鲜的食材，另外要加大骨汤，这样出来的味道才最鲜美爽口。

（《厦门晚报》2018-10-16）